Semi-permanent makeup
design practice

# 반영구화장
## 디자인 실전

**반영구화장**
디자인 실전

2021년 5월 24일 초판인쇄
2021년 5월 31일 초판발행

저　　자　노혜란 김난희 주금예
발 행 인　조규백
발 행 처　도서출판 구민사
　　　　　(07293) 서울특별시 영등포구 문래북로 116, 604호(문래동3가 46, 트리플렉스)
전　　화　02.701.7421~2
팩　　스　02.3273.9642
홈페이지　www.kuhminsa.co.kr
신고번호　제 2012-000055호(1980년 2월 4일)
I S B N　979-11-5813-922-3(93590)
값　　　　26,000원

이 책은 구민사가 저작권자와 계약하여 발행했습니다.
본사의 서면 허락 없이는 어떠한 형태나 수단으로도 이 책의 내용을 이용할 수 없음을 알려드립니다.

## 저자약력

### 노혜란

· 원광대학교 뷰티디자인학과 미용학 박사
· 퍼스널뷰티컨설팅연구소 학술연구
· 한국기술대학교 직업능력개발원 통합심사평가위원
· 산업인력공단 국가자격 검정위원
· 서울문화예술대학교 토탈미용예술학과 교수
· 한국화장품미용학회 이사

### 실기기술 – 정유진

광조우 의과대학 부속 K-뷰티 아카데미 원장
용인대학교 경영대학원 뷰티 비즈니스 전공 석사과정

### 김난희

· 강동대학교 뷰티미용과 학과장

### 주금예

· 국민대학교 체육학 박사 수료
· 에르모스 직업전문학교 교수
· ECOLE FRANCOISE MORICE ESTHETIQUE & COSMETIC 졸업(프랑스)
· 전)삼육보건대학 피부미용과 교수
· 코센 취업지원센터 해외취업아카데미 교수
· 세계 뷰티건강상담사 협회 회장

## · PREFACE ·

　한국의 뷰티산업의 성장과 발달중심으로 한류시장은 급격히 발달하고 있다. 특히 반영구적인 세미퍼머넌트 분야는 수십 년 전부터 미용산업으로 자리매김하였으며, 세계적으로 많은 관심이 증가하고 있다.

또한 세미퍼머넌트 메이크업은 탈모인구가 점차 높아짐에 따라 헤어부분에 대한 새로운 반영구기술로 탈모와 빈모로 인한 결점커버 및 상처로 인한 눈썹, 입술모양 등을 보정하여 자신의 외모에 대한 자신감과 자아존중감을 높여줄 뿐 아니라 수정이 가능하므로 유행에 따라 성형 못지않은 메이크업 효과와 민낯일 때 또렷한 이목구비로 선명한 인상과 자신감을 높여주며 개성있는 이미지를 연출할 수 있다.

세미퍼머넌트 메이크업은 눈썹모양을 통해서도 얼굴 분위기를 전체적으로 바꾸어 이미지 개선 차원으로 최근 많은 여성뿐 아니라 남성들의 수요도 증가하고 있는 추세이다.

세미퍼머넌트는 유럽 외에도 중국 및 동남아 등의 많은 성장성을 보이고 있으며 어느 분야보다 지식과 기술성을 겸비한 전문성을 가지고 반영구적인 세미퍼머넌트 아티스트의 서적을 출판하게 되었다.

이 교재는 세미퍼머넌트 분야에서 아티스트의 전문적인 지식을 고양하기 위한 이론과 실기를 정리해놓았으며 또한 미용학과의 전문적인 아티스트를 양성하기 위한 전문서적이 될 수 있도록 저자들의 연구와 실전을 바탕으로 체계적으로 기술하였다.

세미퍼머넌트의 이론과 기술을 익혀 유익하고 흥미롭게 학습하는 데 도움이 되기를 진심으로 바라며, 끝으로 이 책이 출판되기까지 물심양면으로 도움을 주신 구민사 조규백 대표님과 나영균 전무님을 비롯한 편집부 직원 여러분께 감사의 마음을 드립니다.

저자 일동

## · CONTENTS ·

### PART 1
**세미퍼머넌트 메이크업의 이해** ··· 8p
1. 세미퍼머넌트 메이크업 개요 ··· 10p
2. 세미퍼머넌트 메이크업 고객관리 ··· 30p

### PART 3
**해부생리학** ··· 94p
1. 세포와 조직 ··· 98p
2. 뼈대(골격) 계통 ··· 105p
3. 근육계통 ··· 109p
4. 신경계통 ··· 114p
5. 순환계통 ··· 119p

### PART 5
**패턴** ··· 210p
1. 얼굴형에 따른 눈썹 형태 ··· 212p
2. 눈썹형태가 주는 이미지 ··· 214p
3. 성공과 부를 부르는 패턴 ··· 216p
4. SONG'S 패턴 ··· 217p
5. JEON'S 패턴 ··· 218p
6. 패턴연습 ··· 219p
7. 선 연습 ··· 228p

## PART 2

### 피부학 ... 42p

1. 피부의 구조 및 기능 ... 44p
2. 두피 모발 생리 ... 58p
3. 피부질환 ... 77p
4. 소독과 위생 ... 81p

## PART 4

### 메이크업과 색채학 ... 126p

1. 메이크업의 이해 ... 128p
2. 메이크업의 기초 이론 ... 175p
3. 색채와 메이크업 ... 197p

## PART 6

### 퍼머넌트 메이크업 실기 ... 230p

1. 엠보 기법 눈썹 퍼머넌트 메이크업 ... 232p
2. 머신기법 눈썹 퍼머넌트 메이크업 ... 238p
3. 콤보기법 눈썹 퍼머넌트 메이크업 ... 244p
4. 아이라인 퍼머넌트 메이크업 ... 249p
5. 입술 퍼머넌트 메이크업 ... 253p
6. 헤어라인 & 두피 퍼머넌트 메이크업 ... 256p

· 부록 ... 260p

PART

# 1

## 세미퍼머넌트 메이크업의 이해

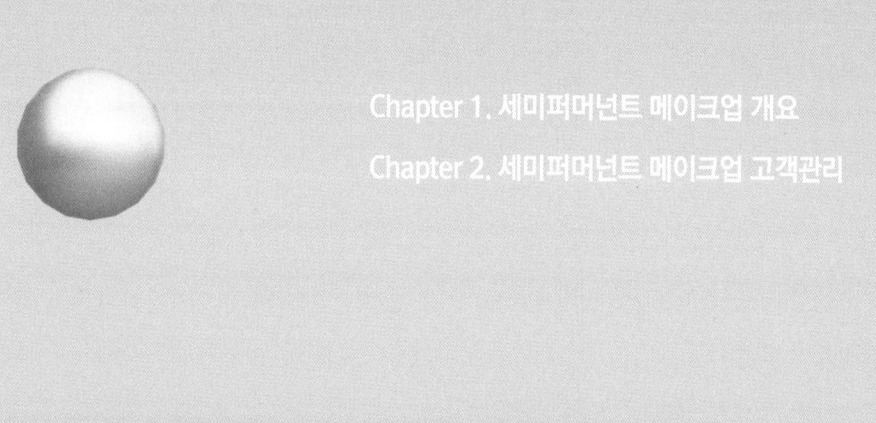

Chapter 1. 세미퍼머넌트 메이크업 개요

Chapter 2. 세미퍼머넌트 메이크업 고객관리

# chapter 1
## 세미퍼머넌트 메이크업 개요

### ❶ 세미퍼머넌트 메이크업의 역사(문신의 기원)

　세미퍼머넌트 메이크업은 문신에서 파생된 전문적으로 정형화된 반영구 화장법이다. 문신은 원래 폴리네시아어로 '옳다' 또는 '미술법에 맞는다.'라는 의미의 tatau에서 파생한 말로 Tatauierung를 쓰는 것으로 폴리네시아어가 영국에 들어가서 'tatow' 혹은 'tatoo'로 되고 독일어 'tatowieren'이 되었다. 문신의 역사는 뾰족하거나 날카로운 기구를 이용하여 피부를 두드리거나 찔러서 착색을 하고 색상을 유지시키는 타투의 역사와 관련이 있다. 기원으로는 B.C 5천년 전 냉동상태의 남자 사체 한 구가 오스트리아와 이탈리아 국경근처의 산에서 발견되면서 문신의 역사를 확인할 수 있으며, 최초의 문신(Tatau)은 가벼운 상처를 입은 사람이 재와 같은 물질이 묻은 손으로 상처를 문지른 후 남은 자국이 문신의 시초라고 추정하고 있다. 발견된 청동기시대의 사체 중 가장 보존 상태가 좋은 이 냉동 인간의 몸에는 전체 57개의 문신(Tatau)이 새겨져 있는 것으로 알려져 있다. BC 4,000년경 문신의 풍습은 이미 원시시대부터 시작되었는데 이집트에서는 미라에도 문신이 발견되었으며 주술과 종교적인 의례에서 주로 사용되었다. 그 외에도 계급을 나타내거나 액땜을 한다든지 결혼식이나 출산을 할 때의 표식으로 행해지기도 했다. 또한 BC 1317~1301년의 이집트의 미라와 세티세의 무덤에서 나온 인형에서도 그 예를 볼 수 있다.

[그림 1-1] **무릎안쪽 최초의 문신**

우리나라 문신에 대한 최초의 기록은 중국사서인 "삼국지" 위지동이전에서 찾을 수 있으며, 마한의 남자들은 자주 문신을 하였고 변지인들도 "남녀가 왜와 같이 문신을 한다."라고 언급하고 있다. 문신이 세계적으로 성행하면서 차츰 얼굴에도 개인의 개성을 표현하기 시작했다. 세미퍼머넌트 메이크업의 시초는 1970년대 말 부터인데 미국의 타투이스트 중의 한 사람인 사무엘 오릴리(Smuel O'Reilly)에 의해 타투 기계가 발명된 것을 세미퍼머넌트 메이크업의 시초로 본다. 전기 문신기계의 발명으로 보다 손쉽고 빠르게 문신을 할 수 있게 되었으며, 1891년 그 기계는 정식으로 특허를 받아 색소와 문양 등과 같은 다른 문신용품들과 함께 시판에 들어갔고 이는 문신 기술의 혁명을 이루었다. 그의 제자 찰스 와그너(Charles Wagner)는 또 다른 문신기계를 직접 고안하여 특허 받았는데, 그 기계가 1945년 성형에 이용됨으로써 그는 입술, 뺨, 눈썹에 성형문신을 도입한 최초의 문신가가 되었다. 초기의 퍼머넌트 메이크업은 문신의 형태를 가지고 온 것이어서 색이 진하고 또한 부자연스럽고 시간이 지나면서 푸른빛을 띤 색으로 바래지고는 했다. 그 이후, 전용색소, 전용기계의 발전과 함께 다양한 세미퍼머넌트 메이크업 기법들이 생겨났다. 세미퍼머넌트 메이크업은 대만, 홍콩 등지에서 유행하였으며, 독일에서는 컨투어 메이크업(Contour Makeup)이라는 이름으로 세미퍼머넌트 메이크업을 발전시켰다. 독일의 볼렌베르그 박사와 미용연구가 발트라우드 쿠프너에 의해 개발되었으며, 처음에는 유륜재건과 같은 메디컬 목적으로 사용되었고 점차 미용분야까지 영역이 확대되어 현재 많은 나라에서 세미퍼머넌트 메이크업의 선호도 높은 인기를 끌고 있다.

## ❷ 세미퍼머넌트 메이크업의 정의

세미퍼머넌트 메이크업은 '화장품이나 도구를 사용하여 신체의 장점을 부각하고 단점은 수정 및 보완하는 미적행위로 '반영구적인', '오래 가는'이라는 사전적 의미를 가진 세미퍼머넌트가 합쳐져 세미퍼머넌트 메이크업으로 이루어진 것이다. 색소는 인체에 무해한 염료로 50여 가지의 알레르기 테스트를 거쳐 인체에 무해한 미세입자의 천연색소를 피부의 표피층에 주입하여 맨 얼굴에 자연스러운 메이크업 효과를 주는 것을 말한다. 세미퍼머넌트 메이크업은 주로 눈썹, 아이라인, 헤어라인, 입술에 시술이 행해지고 그 중 눈썹, 아이라인을 가장 많이 선호하고 있다. 최근에는 치료 목적으로도 그 역할과 개념이 확장되었고, 탈모 또는 빈모로 인한 두피, 그리고 피부 손상이나 유방암 수술로 손상된 유두 부위 등에 자연스러운 피부색을 연출하기 위해 사용되기도 한다. 세미퍼머넌트의 발전은 점차 빠르게 진행되어 1980년대부터 전 세계의 급속도로 발전하였으며 미용분야의 혁신이 되었다. 화장품으로만 의존하던 화장술에서 수용성 염료를 이용하여 색을 착색시킴으로써 반영구적으로 화장을 유지시킨다. 세미퍼머넌트 메이크업은 표피층인 각질층, 투명층, 과립층, 유극층, 기저층 중에서도 최하단부인 기저층에서 메이크업이 이루어지기 때문에 표피와 진피층의 피부세포가 신진대사를 거듭하면서 세포의 탈각화로 2~3년에 걸쳐 서서히 자연스럽게 색이 빠진다는 점에서 진피층에 시술하는 문신과 전혀 다른 개념의 미용시술이다.

각 나라별 사용된 용어로서 우리나라는 세미퍼머넌트 메이크업(Semi permanent), 유럽에서는 퍼머넌트 메이크업(Permanent Makeup), 미국에서는 마이크로 피그먼테이션(Micro Pigmentation), 독일에서는 컨투어 메이크업(Contour Makeup), 일본에서는 아트 메이크업(Art Makeup)이라는 용어로 사용되고 있다. 마이크로 피그먼테이션은 아주 미세한 색소 입자를 피부에 침투시키는 것으로 사용되고, 컨투어 메이크업은 얼굴의 윤곽을 수정하는 의미로 사용되고, 아트 메이크업은 예술적인 감각을 표현해준다는 의미로 사용되고 있다.

[표1-1] 문신화장과 퍼머넌트 메이크업 비교

| 구분 | 문신화장 | 세미퍼머넌트 메이크업 |
|---|---|---|
| 영 역 | 패션, 연출 등을 목적으로 신체에 문신작업(등, 팔, 다리 등) | 미용을 목적으로 눈썹, 아이라인 등에 화장작업 |
| 지속성 | 영구적이며 교정 불가능 | 2~5년 사이 변형 가능 |
| 색상 | 산화되어 푸른색 또는 붉은색으로 변화 | 다양하고 자연스러운 색상연출 |
| 사용되는 색소 | 잉크 등 검증되지 않는 염료 (Carbon 등) | 검증된 염료 사용(Iron oxide 등) |
| 알레르기 | 알레르기 반응이 있을 수 있음 | 알레르기 반응이 희박함 |
| 감염 | 소독되지 않는 바늘 사용 시 가능성 있음 | 소독 처리된 낱개용 일회용 바늘 사용으로 안전 |
| 주입/깊이 | 진피층(1mm) | 표피의 경계(0.08~0.15mm 정도) |
| 시술목적 | 표현미숙, 상징성 추구 | 미적 추구와 상처 치료, 위장(Camouflage) |
| 위치 | 얼굴, 신체위주 | 얼굴(눈썹, 아이라인, 입술위주), 흉터부위 |
| 색 변화 | 산화로 인한 푸른빛, 붉은색 번짐이 발생할 수 있음 | 거의 없음 |
| 수정 | 깊이에 따라 수정 불가능, 제거 후에도 자국이 남음 | 시술직후 바로 수정가능 혼합색이 많으면 중화 필요 |

## ❸ 세미퍼머넌트 메이크업의 목적 및 효과

### 1) 세미퍼머넌트 메이크업의 목적

눈썹, 아이라인, 입술, 두피헤어라인 등을 시술함으로 진한 화장이 아닌 자연스럽지만 또렷한 인상을 줄 수 있으며, 자신의 얼굴에 맞는 디자인으로 좋은 인상과 온화한 성품을 표현할 수 있다. 또한, 시술 후 화장시간을 단축시켜 줌으로써 바쁜 현대 여성들에게 필수 조건이 되고 있다. 최근에는 남성들도 미에 관심이 많아지면서 퍼머넌트 메이크업의 시술을 원하는 남성들이 많아졌고 자신감 넘치는 외모로 바꾸어주는 데 한 몫을 하고 있다.

### 2) 세미퍼머넌트 메이크업의 효과

① 화장시간을 단축시킨다.

많은 여성들이 바쁜 사회생활을 하면서도 자기를 가꾸고 표현하는 데 많은 시간을 투자한다. 퍼머넌트 메이크업에 간단한 메이크업을 더해 화장시간을 많이 줄일 수가 있다.

② 미적인 인상으로 바뀐다.

본인 얼굴 형태에 맞게 디자인해 시술 받을 수 있다. 불균형한 눈썹이 신경 쓰였다면 퍼머넌트 메이크업전문가와의 상담을 통해 본인눈썹과 자연스럽게 어우러져 관상학에서 말하는 좋은 운을 부르는 눈썹으로 바뀌질 수 있다. 시술에 따라 눈썹 하나로도 좋은 인상과 온화한 성품을 표현할 수 있는 게 반영구화장이다.

③ 일상생활이 편리하다.

스포츠, 등산, 수영, 헬스 후에도 지워지지 않으며 방금 화장한 듯 자연스럽게 다닐 수 있다.

## 4 세미퍼머넌트 기법의 종류

세미퍼머넌트 메이크업의 기법은 사용하는 도구에 따라 크게 엠보(Embo) 기법, 수지 기법, 머신(Machine) 기법, 콤보(Combo) 기법으로 분류된다.

### 1) 엠보 기법

엠보 기법(Embroidery techniques)은 일명 자연눈썹이라 불리우는 기법으로 엠브로이더펜을 이용하여 손의 감각만으로 2~21개의 전용 니들을 이용해 형태대로 둥글게 그려내는 기법을 말한다. 엠보 기법의 눈썹은 세미퍼머넌트 메이크업의 트렌드를 주도하고 있으며, 자신이 가지고 있는 본래 눈썹모양의 결을 최대한 살려 한 올 한 올 숙련된 테크닉으로 섬세하게 착색해 나가는 기법으로서 반영구화장 중 최상위 기법으로 이를 자연눈썹이라 한다. 또한 자연스러움을 강조하기 때문에 남녀노소 모두 선호하여 눈썹뿐만 아니라 헤어라인이 자연스럽게 표현됨으로써 탈모에도 만족감을 더하고 있는 추세이다. 장점으로는 시술 당일에도 자연스러워 고객의 만족도가 높으나, 단점은 수지 기법이나 머신 기법에 비해 색소가 빨리 빠지고, 선이 수직이거나 눈썹결의 방향을 무시한 채 시술이 이루어지면 어색한 눈썹이 될 수 있다는 것이다. 또한 니들이 사선으로 정교하게 연결되어 있기 때문에 힘을 필요 이상으로 많이 가하여 시술하면 깊은 상처를 낼 수 있으며 실수로 그어진 시술자국은 수정하기 어렵기 때문에 곡선처리가 어려워 많은 연습이 필요하다. 엠보 기법은 주로 눈썹, 헤어라인 표현에 많이 사용되고 있다.

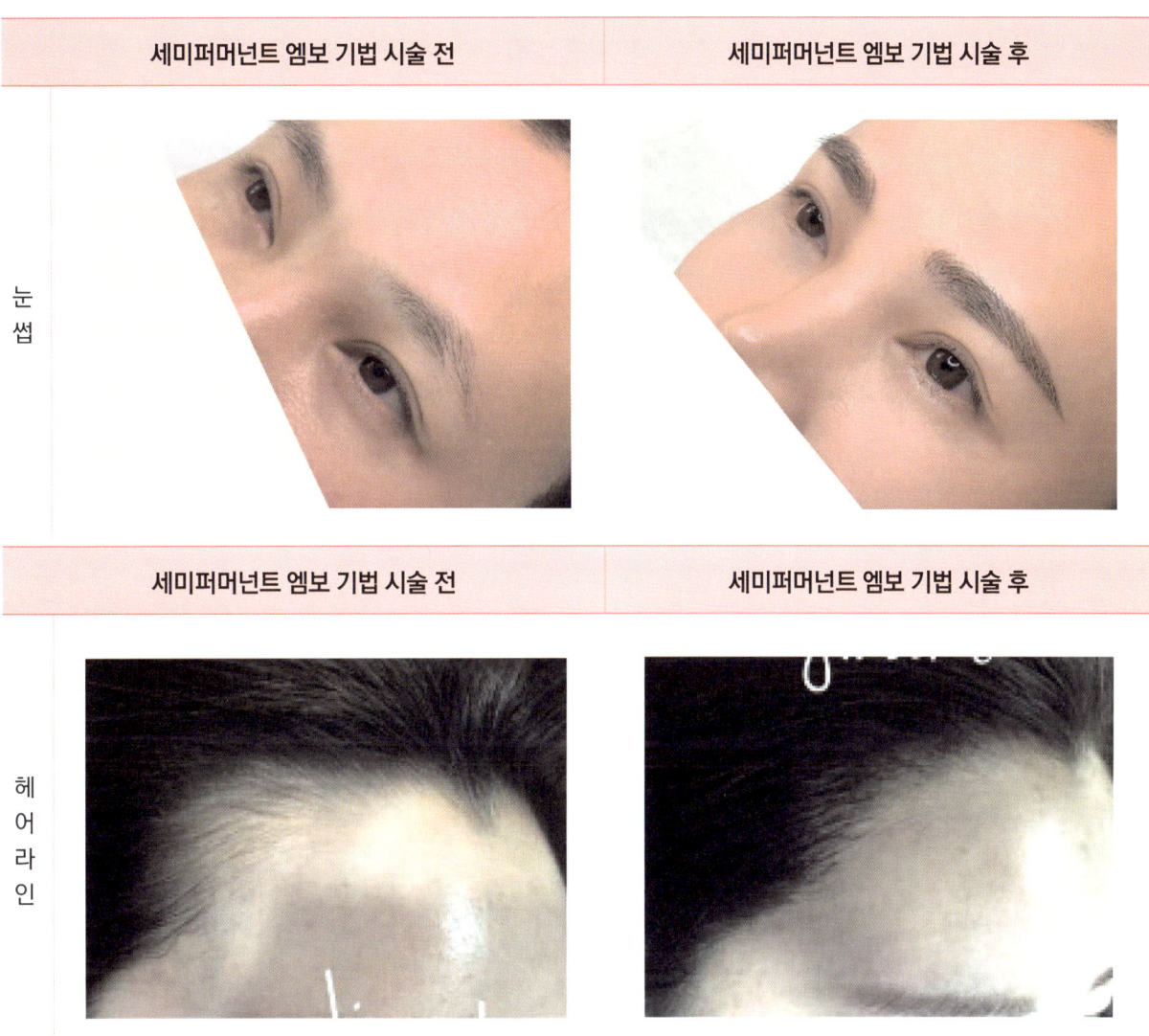

[그림 1-2] 엠보 기법 전후

## 2) 머신기법

　화장한 듯 눈썹 선이 아닌 면을 채워주면서 색을 주입하는 그러데이션 기법이다. 일정한 간격으로 매 초당 움직이는 기계 바늘을 눈썹디자인에 따라 반복적으로 색소를 채워가는 테크닉으로 색에 명도 표현이 가장 중요하다. 자칫 잘못하면 일명 짱구눈썹처럼 부자연스러울 수 있기 때문에 많은 경험이 있는 시술자에게 하기를 권하며 요즘은 머신기법보다는 섀도를 펴 바른 느낌의 자연스러운 수지기법을 더 선호한다. 시술범위는 눈썹, 아이라인, 입술, 헤어라인에 적용된다.

　머신기법 중 또 다른 하나는 깃털처럼 부드럽고 섬세한 느낌을 표현하는 페터링 기법(Feathering techniques)이다. 머신을 이용하여 엠보 기법과 같은 느낌으로 매 초당 일정한 간격으로 압을 주며 한 올 한 올 선을 그려 표현함으로써 머신의 단점인 부자연스러움을 훨씬 더 섬세하고 자연스럽게 표현할 수 있는 기법이다. 머신기법 중 자연스러운 기법으로는 점묘기법(Dote technique)이다. 한 점 한 점 찍는 듯한 손놀림을 반복해서 눈썹 디자인을 그린 곳에 전체 면을 채워서 메우는 기법이다. 장점은 부분적인 곳을 간단하게 채울 수 있고 초보자도 쉽게 접근할 수 있으며 그러데이션 기법보다 은은하고 자연스럽게 표현할 수 있다.

| 세미퍼머넌트 머신기법 시술 전 | 세미퍼머넌트 머신기법 시술 후 |
|---|---|
| 눈썹 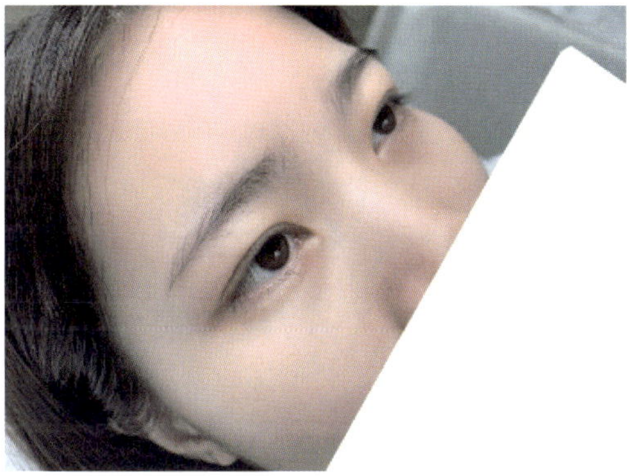 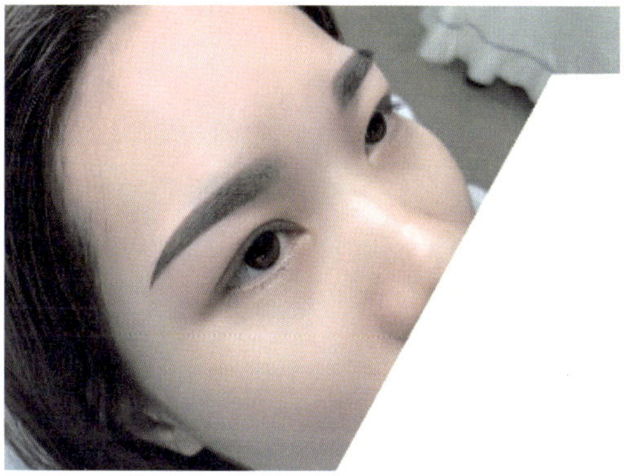 | |
| 아이라인 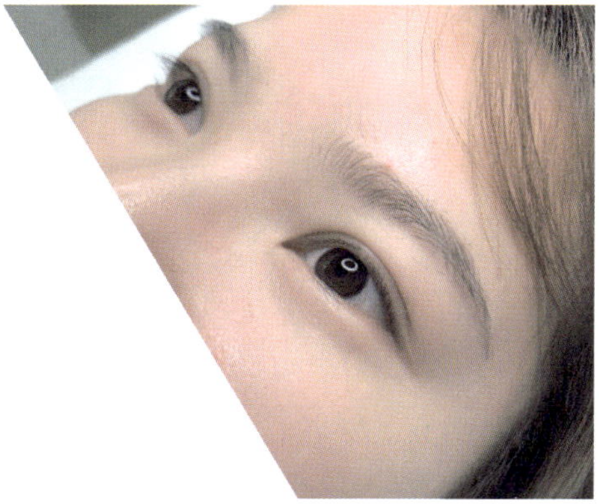 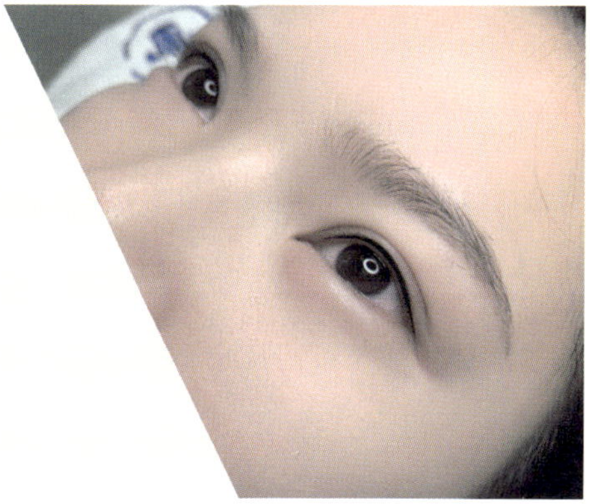 | |
| 입술 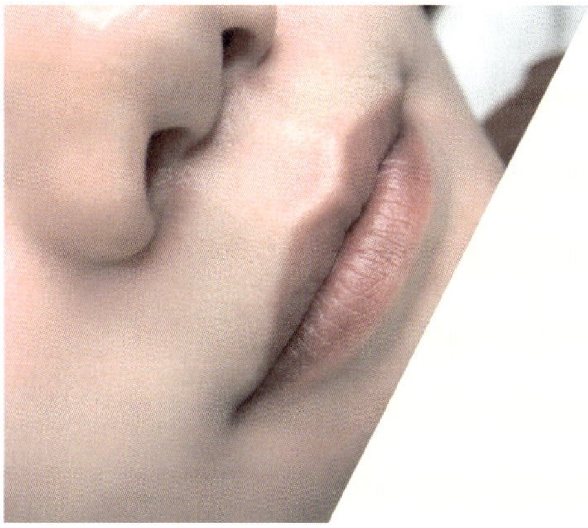  | |

[그림 1-3] 머신기법 전후

PART1. 세미퍼머넌트 메이크업의 이해 17

① 그러데이션 기법

그러데이션(Gradation) 기법은 머신을 이용하여 아날로그 머신 또는 디지털 머신에 니들과 캡을 장착하여 모터에 의해 자동으로 니들이 좌우로 움직이면서 피부 표면에 색소를 주입시키는 기법이다. 색소를 고르게 펴서 착색시키는 기법으로 선을 이용하여 면을 채우는 기술이다. 주로 눈썹시술에 사용되며 눈썹 앞부분은 연하게, 뒤로 갈수록 진하게 시술한다. 그러데이션 기법으로 표현한 눈썹을 화장눈썹이라고 부른다. 세미퍼머넌트 메이크업이 도입되던 초창기부터 사용되어 온 가장 기본적인 시술방법으로 문신과 거의 동일한 방법이며, 초기 세미퍼머넌트 메이크업으로 알려져 있는 기법이다. 그러데이션 기법은 주로 눈썹, 아이라인, 입술 표현에 사용된다.

② 페더링 기법

페더링(Feathering) 기법은 깃털처럼 가볍고 자연스럽게 눈썹 결을 그리는 기법으로 전동 작용을 하는 머신을 이용하여 미세한 입자의 천연 색소를 주입하여 1개의 니들을 사용하여 눈썹털이 난 방향으로 눈썹 결을 그리는 시술 기법이다. 엠보 기법을 바탕으로 매 초당 일정 간격으로 움직이는 머신을 이용하여 니들이 정교하게 1회 지나가는 기법이다. 주로 1개의 니들을 사용하기 때문에 곡선 표현에 있어서는 엠보 기법보다 쉽지만 머신의 진동하는 와중에 곧은 눈썹 결을 표현해야 하기 때문에 시술자에게 많은 연습을 요하는 기법이다. 털이 많이 나 있는 부분에는 털이 난 방향으로 시술하면 털이 걸려 시술이 불편할 수 있으므로 아래에서 위 방향으로 시술하기도 한다. 페더링 기법은 주로 자연스런 눈썹 표현에 사용된다.

### 3) 수지 기법

수지기법은 일명 뜯기 기법으로 1~20개 둥근 형태의 니들이나 편평형, 사선형 니들을 연결하여 색소를 찍어 점으로 면을 표현하는 기법이다. 머신을 이용한 화장 눈썹보다 그러데이션(Gradation)이 용이하여 전체적으로 부드럽게 표현하기가 쉽고 기계를 사용하지 않으므로 시술을 받는 고객이 기계 진동 소음을 듣지 않아도 된다. 손의 감각으로 힘을 조절하기 용이해 머신을 이용한 그러데이션보다 더욱 자연스러운 눈썹을 표현할 수 있다. 수지 기법 시술 후 색 퍼짐이 거의 없으며 탈각 후에도 눈썹 두께와 길이, 색상의 변화가 미미하다. 수지 기법의 시간이 오래 걸리는 단점을 보완하기 위하여 두 줄로 이루어진 듀얼(Duel) 니들과 세 줄로 이루어진 트리플(Triple) 니들이 출시되면서 시술 시간을 단축시킬 수 있는 '퀵(Quick) 수지기법'도 수지기법의 한 종류로 자리잡고 있다. 수지 기법은 주로 눈썹, 헤어라인, 아이라인, 미인점 표현에 사용된다. 자연스럽고 섀도를 펴 바른 듯한 느낌이 든다고 해서 화장눈썹, 섀도 눈썹이라 불리우며 요즘 젊은 층에서 선호를 많이 하는 편이다.

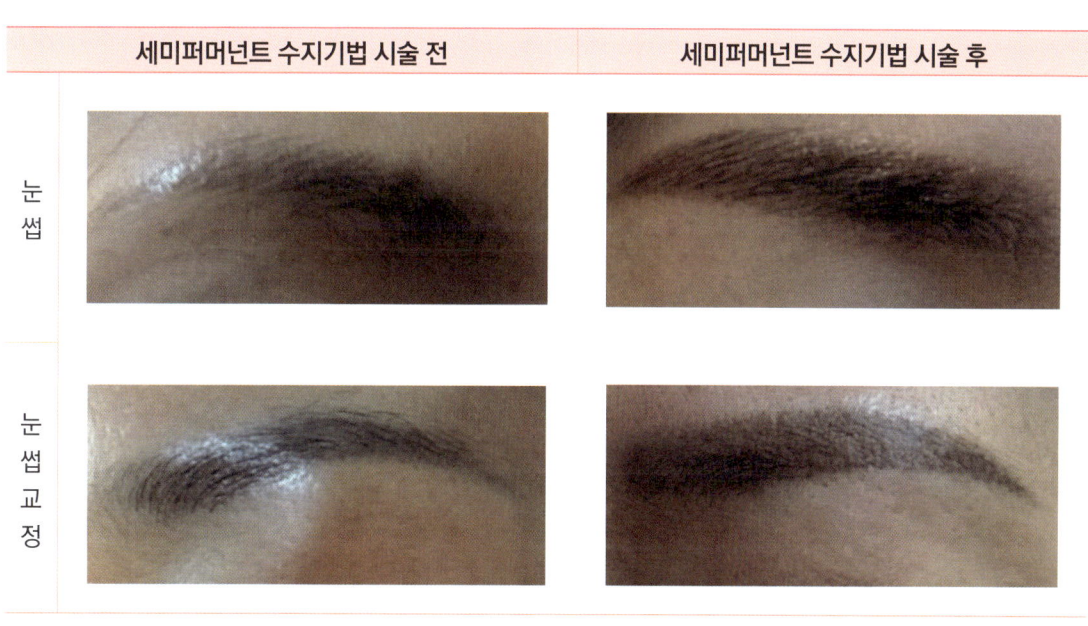

[그림 1-4] 수지기법 전후

### 4) 콤보 기법

　콤보기법(Combo techniques)은 자연 눈썹과 화장 눈썹을 복합적으로 사용하는 것으로, 두가지 이상의 기법을 함께 시술하는 것이다. 즉 엠보 기법을 이용한 자연 눈썹과 머신 그러데이션 기법을 이용한 화장 눈썹을 복합적으로 사용한 기법과 엠보 기법을 이용한 자연 눈썹과 수지 기법을 이용한 화장 눈썹을 복합적으로 사용한 기법이 있다. 시술 당일 두 가지의 기법을 혼합하여 사용하기도 하고, 1차 시술에 화장 눈썹으로 색감을 깔아주고 2차 시술에 자연 눈썹으로 표현하여 두 가지 장점을 다 표현하기도 한다. 반대로 1차 시술에 자연 눈썹을 표현하고 2차 시술에 화장 눈썹으로 색감을 채워주는 경우도 있다. 콤보 기법은 주로 눈썹, 헤어라인 표현에 사용된다. 선을 표현하는 엠보 기법과 면을 채워 그러데이션 표현을 하는 머신기법, 한 땀 한 땀 점을 연결하여 섀도 느낌을 주는 수지기법을 다양한 눈썹의 형태에 따라 장단점을 보완하여 만족도를 충족시킬 수 있는 기법이다. 콤보기법을 연출하는 방법은 엠보 기법으로 눈썹을 그려놓고 수지기법 또는 머신으로 면을 채우는 기법도 있고 반대로 먼저 면을 채우고 선을 그려 넣는 기법도 있다. 이뿐만 아니라 고객의 취향에 따라 다양한 기법으로 구사를 할 수 있는 장점이 많은 기법 중에 하나다. 특히 오래 전에 실패를 겪었던 분들에게는 눈썹보정을 통해 만족도를 높일 수 있다.

| 세미퍼머넌트 콤보기법(머신그러데이션+엠보) 시술 전 | 세미퍼머넌트 콤보기법(머신그러데이션+엠보) 시술 후 |
|---|---|

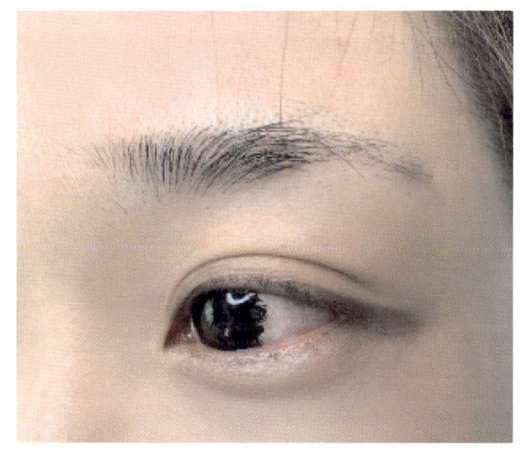 

| 세미퍼머넌트 콤보기법(엠보+머신점묘) 시술 전 | 세미퍼머넌트 콤보기법(엠보+머신점묘) 시술 후 |
|---|---|

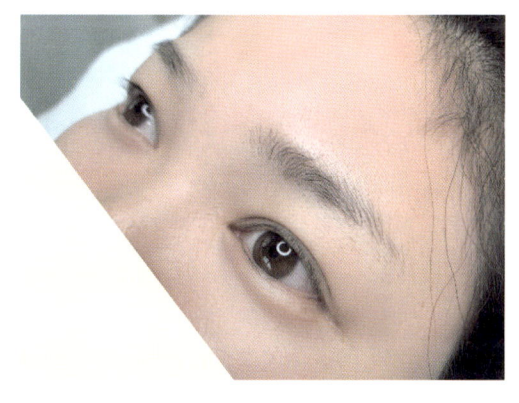 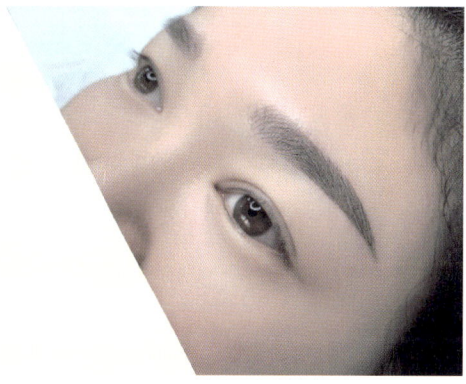

[그림 1-5] 콤보기법 전후

## ❺ 세미퍼머넌트 메이크업의 시술영역

### 1) 두피 헤어라인

- 탈모, 빈모로 인하여 머리숱이 적은 사람

- 새치나 영구탈색으로 두피에 교정이 필요한 사람

- 원형탈모로 인하여 두피, 모발의 외관교정이 필요한 사람

- 사고나 수술 때문에 두피가 훼손된 사람

### 2) 눈썹

- 눈썹을 그리지 못하는 사람

- 눈썹 숱이 적은 사람

- 양쪽 눈썹의 모양이 다른 사람

- 눈썹이 반만 있는 사람

- 눈썹 정리를 못하는 사람

- 눈썹이 탈색된 사람

- 사고나 수술 때문에 눈썹이 훼손된 사람

### 3) 아이라인

- 속눈썹이 가늘고 짧은 사람

- 또렷한 눈매를 원하는 사람

- 쌍꺼풀 수술로 눈 사이 틈이 있는 사람

- 눈모양의 교정을 원하는 사람

## 4) 입술

- 입술의 색이 없는 사람
- 입술이 얇은 사람
- 입술 윤곽이 뚜렷하지 못한 사람
- 선천적으로 입술이 삐뚤어져 있는 사람
- 사고나 수술로 인해 입술이 훼손된 사람

## 5) 기타

- 스포츠를 즐기는 사람
- 땀을 많이 흘리는 사람
- 화장할 시간이 부족한 사람
- 화장에 자신감이 없는 사람
- 원형탈모, 백반증, 유방암으로 손상된 유륜 재건
- 색조화장에 알레르기가 있는 사람

## ❻ 세미퍼머넌트 메이크업의 안전관리

### 1) 환경과 위생

① 작업 장소는 환기가 잘되는 깨끗하고 쾌적한 공간이어야 하며 작업과 관련 없는 도구는 없어야 한다.

② 작업 공간 주변은 모두 일회용 커버 등으로 보호하며, 작업에 필요한 도구들은 사용이 용이하도록 완벽하게 갖추고 있어야 한다.

③ 살균이 필요한 기기들과 일회용 제품을 잘 구분해서 관리 처리한다. (일회용 사용을 권장함)

④ 작업공간에서는 식사, 음료, 흡연 등은 절대 금물이다.

⑤ 작업실은 시술자와 고객만의 공간이여야 한다.

### 2) 시술자의 위생

① 일회용 마스크를 착용하여 감염예방 및 구취 방지를 할 수 있도록 한다.

② 손은 관리 전 따뜻한 물에 담가 깨끗이 씻고 소독제를 뿌려 손 소독을 한 후, 일회용 장갑을 사용한다.

③ 일회용 가운을 착용하여 감염 예방 및 위생에 신경 써야 한다.

### 3) 안전한 시술

① 일회용 니들은 반드시 고객이 보는 앞에서 개봉하고 밀봉된 새 제품임을 확인시켜준다.

② 니들상태가 끝이 굽거나 휘었는지 확인 후 손상된 니들은 과도한 출혈 및 고객에게 불필요한 통증을 유발할수 있으니 사용하지 않는다.

③ 니들을 개봉할 때는 일회용 장갑을 착용하고 니들 앞부분을 절대 접촉하지 않는다.

④ 작업 전이나 도중에 작업도구가 실수로 인하여 오염됐거나 더럽혀졌다면 새 제품으로 다시 준비해서 사용한다.

⑤ 고객에게 시술과정과 시술결과에 대해 솔직한 대답과 답변을 해줌으로써 신뢰감을 주는 게 안정적으로 좋다.

## 7 세미퍼머넌트 메이크업의 기기 및 재료

### 1) 세미퍼머넌트 메이크업의 기기

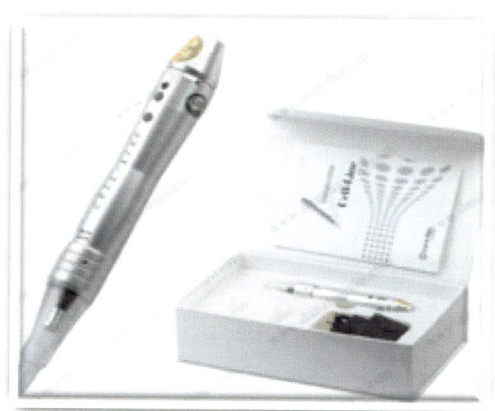 

[그림 1-6] 세미퍼머넌트 메이크업 기기

### (1) 세미 퍼머넌트 기기 사용법

① 니들 카트리지를 퍼머넌트 기기에 꽂은 다음 시술부위와 피부상태에 따라 미리수를 조정합니다.

　(보통 1.5mm~2.5mm 사이에 고정)

② 전원을 꽂은 다음 스위치를 켭니다. (전원버튼은 길게 눌러서 ON/OFF, 짧게 눌러서 일시정지가 됨)

③ 속도조절용 UP/DOWN 클릭으로 1~10 단계로 속도조절을 해준다.(눈썹은 5~6단계, 입술, 아이라인은 4~5단계이나 제조사별 차이가 있음)

④ 세미퍼머넌트 시술 시 중간에 속도변경 가능하므로 시술 시에 고객이 불편함을 느끼면 다시 속도를 조절해준다.

⑤ 시술이 끝나면 전원을 끄고 니들카트리지를 제거한 후 본체는 알코올 솜으로 닦아서 보관합니다.

## 2) 세미퍼머넌트 메이크업의 재료

### (1) 카트리지

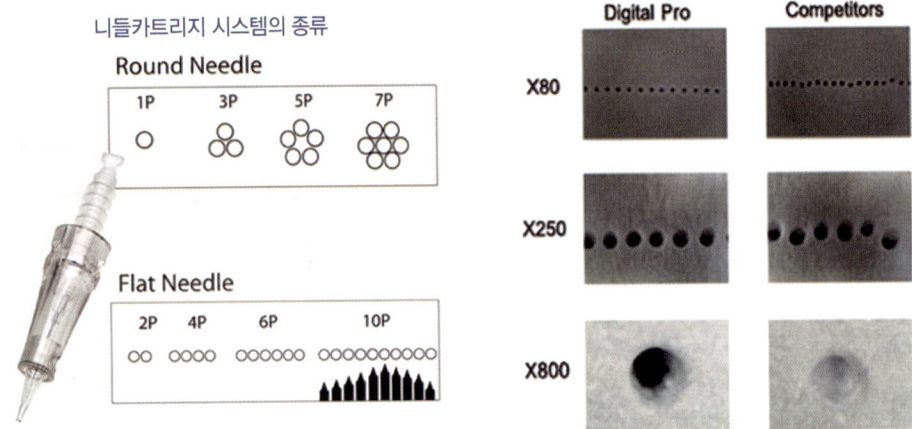

[그림 1-7] 카트리지

### (2) 니들(needle) 크기

① 눈썹용 : 플레이트 4P, 6P

② 아이라인 : 라운드 1P, 3P

③ 입술 : 라운드 3P, 5P

④ 두피, 헤어라인 : 플레이트 6P, 10P

### (3) 세미퍼머넌트 메이크업 색소

[그림 1-8] 세미퍼머넌트 메이크업 색소

## 7 세미퍼머넌트 메이크업 색소 선택 기준

세미 퍼머넌트 색소를 선택할 때 착색, 발색, 보색의 정확한 의미와 현상들을 이해하고 접근하여야 한다. 손쉽게 이용할 수 있는 염료를 사용한다면 당장 잘 먹고 색이 이쁘게 나오겠지만 길지 않은 시간에 변색과 탈색을 피할 수 없다. 착색과 발색이 조금 더디고 어렵더라도 안료를 사용하는 것이 낫다. 안료 중에는 무기안료를 지향하는 것이 안정되고 안전하다.

### 1) 착색 : 인체에서 색이 잘 먹어야 함

① 착색을 인체에 적용시키기 위해서는 염료를 사용하는 것이 효과적임

② 적색, 청색, 녹색의 염료를 혼합하면 착색이 잘되는 검정색 염료가 되는데 체내에 녹으면 푸른빛이나 빨간빛이 도는 현상이 생김

③ **PPD**(p-Phenylenediamine 파라페닐렌디아민) : 검은 색소로 자주 사용하나 사용 시 주의해야 함
  - **장점** : 우선 조제하기 쉽고 착색이 잘됨
  - **단점** : 내광성, 내화학성이 약하여 변색이 잘 되고, 독성이 강하여 피부자극이 심함
  - 유럽에서는 CMR 물질(발암, 돌연변이, 생식독성물질)이라고 하여 2008년 ResAP에서 사용제한 유해물질로 취급

④ **카본블랙**(Carbon black) : 탈색과 변색의 문제점들 때문에 착색력은 떨어지지만 안료를 이용하는 것이 인체색소의 대안으로 개발되어져 왔음. 나무를 태워 생긴 숯가루가 일종의 먹인데 중국에서 시작되어 China black이라고 함
  - 화석에서 보이듯이 Carbon black은 수억년이 지나도 검은색을 그대로 유지, 변색되지도 탈색되지도 않은 검정색 알갱이임
  - 인체에도 5nm의 아주 작은 사이즈 이하가 아니라면 그다지 해롭지 않음

### 2) 발색 : 색소의 본래 색이 잘 나타나야 함

① 염료가 착색이 우수하고 발색이 좋으나 인체 내에서 오래가지는 못함. 보름정도면 체내에 녹아버리기 때문에 인체에서 색이 오래가도록 하기 위해서는 안료를 사용해야 함

② **무기안료**(Inorganic pigment)

- 말 그대로 천연의 돌가루, 산화철이나 이산화티타늄과 같은 안료는 지구상에서 변할 일이 거의 없다고 보아도 됨. 안정적이고 불순물만 없다면 인체에도 해롭지 않음

- 검정과 흰색을 표현하는데 무기안료로도 충분하겠지만 **빨강**, 파랑, 노랑 등 튀고 환한 색조를 얻기 위해서는 무기안료만으로 부족함

- 해로운 염료를 사용할 것이 아니라면 유기안료가 대체물질일 수 있음

③ **유기안료**

- 주로 석유화합물에서 생성되는데 무기안료만큼 안정적이지 않고 인체에 다소 유해할 수 있으나 대신 강렬한 색감을 가지고 있음

- 약간의 독성은 현재의 기술로는 아직 피할 수가 없는 실정임

④ **균일성**

- 색이 고르게 표현되기 위해서는 색소가 균일해야 함

- 유화(Emulsion)는 물과 기름이 섞는 화장품의 가장 기본적인 계면활성제로 시중의 많은 제품들은 수성과 유성의 층이 불리되는 현상이 보임. 사용 전에 흔들어서 섞는다 해도 막상 사용할 때는 겉으로 보이는 것과는 달리 색소는 균일한 물성을 가지고 있는 것이 아니어서 색상표현이 고르지 못할 수 있음

- 현탁(Suspension)이라는 것은 색소라는 알갱이를 분산해서 떠 있게 하는 것임. 현탁이 잘 안된 경우에는 색분리라는 현상이 나타남

⑤ 유화불량으로 인한 층분리나 현탁불량으로 인한 색분리가 된 제품을 사용한다면 제품의 품질은 별로겠지만 적어도 그 색소가 염료가 아닌 안료를 사용했다는 반증으로 보아도 좋음

### 3) 보색 : 일정기간 동안 탈색이나 변색이 없이 색상이 잘 유지되어야 함

① 색소의 특성 100nm 이상 크기의 안료를 사용할 때 완벽할 수 있음

② 50nm라는 아주 작은 사이즈의 이물질은 체내에서 거식세포가 포식하여 이동하기 때문에 없어질 수 있다고 알려져 있음. 즉 체내에서도 녹지 않은 작은 색소는 세포의 체내 흐름에 따라 림프절, 간과 다른 조직 등으로 이동함

③ 이를 보완하기 위해 100nm 이상의 입자를 사용하는 것이 이상적인데 결과적으로 착색과 발색이 좋지 않게 되는 현상이 나타남

④ 커다란 알갱이 보다는 작은 알갱이로 이루어진 색소가 더 선명하고 착색이 쉬울 수 밖에 없는 것이기 때문임

⑤ 즉, 보색은 염료보다는 안료가 낫고 안료 중에서도 입자가 굵은 것이 좋다고 할 수 있는데 이는 통상 소비자들이 원하는 착색과 발색과는 반대의 효과를 보이는 것임

## chapter 2
## 세미퍼머넌트 메이크업 고객관리

### ① 시술 전

#### 1) 고객 상담

고객의 체온, 피부유형, 피부 톤, 근육, 모발 톤, 성향 등을 고려하여 고객은 시술자의 말에 많은 영향을 받을 수 있으므로 긴장하지 않도록 시술진도를 알려 준다.

- 아이라인 고객은 눈에 염증이나 수술 등을 했는지 물어본다.
- 입술은 건조한 상태보다 보습이 잘 되었을 때 색소 착색이 잘된다는 것을 설명한다.
- 켈로이드 환자나 상처가 더디게 아무는 사람은 시술을 권장하지 않는다.
- 임산부, 심장병, 고혈압, 당뇨병, 임신, 수유부에게는 시술하지 않는다.
- 박피나 레이저 제거 후, 보톡스, 성형수술을 한 고객은 수술 후 충분한 재생 기간 후 시술하여야 한다.
- 색소의 산화철 성분과 바늘 속 니켈의 금속성분 알레르기가 있는 사람은 시술하지 않는다.
- 세미퍼머넌트 메이크업을 지나치게 맹신하지 않도록 일반적인 시술 효과를 설명한다.
- 시술 전후의 주의사항 등에 대하여 알려 준다.

## 2) 고객관리 카드작성 및 시술 전 사진 촬영

· 고객이 사용한 색소 또는 특징을 기록한다.

· 전, 후 사진을 촬영해 상태를 비교·확인할 수 있는 자료를 비치한다.

· 고객관리 카드는 2차 상담 시 중요한 자료가 된다.

[그림 1-9] 세미퍼머넌트 메이크업 시술 전

## ❷ 시술 후

① 편안한 마음으로 시술을 받았는지, 만족한 디자인이 나왔는지 묻는다. 시술 후 3~7일 정도는 시술 후 진하게 보일 수 있다는 설명을 해야 한다.

② 아이라인의 경우, 처음에 진하고 두꺼워 보이지만 표피 쪽으로 스며든 색소들이 빠지므로 선과 함께 두께가 얇아질 수 있다는 설명을 해야 한다.

③ 눈썹의 경우, 원하는 색상보다 일주일 정도 진하지만 세포재생에 의해 각질이 점점 떨어져 나가면서 자연스러운 눈썹으로 변한다.

④ 입술의 경우, 50% 이상 정도가 각질화되면서 빠지지만 시간이 지나면 본인의 입술 색과 어울려 자연스럽게 된다. 수포가 발생할 염려가 있으므로 항바이러스 제품복용이나 사후 소독관리에 철저를 기해야 한다.

⑤ 시술이 끝난 모든 부위는 재생크림을 일주일 정도 꾸준히 얇게 발라주어야 한다. 보습을 계속 해 줌으로써 피부의 재생을 돕고 색상이 자연스럽게 남는다.

⑥ 시술부위의 모든 피부는 각질이 벗겨진 상태이므로 한동안 자외선은 피하고 자외선 차단제를 바르는 것도 좋은 방법이다.

⑦ 체질별로 딱지가 떨어지는 정도에 따라 색소가 착생되지 않아 원하는 결과가 나오지 않을 수도 있다. 딱지를 억지로 떼어내지 않는 게 좋다.

⑧ 맵거나 자극적인 음식을 피하며 브로콜리 같은 비타민 함유 음식을 섭취해준다.

⑨ 10일 정도는 수영, 찜질방, 땀을 흘리는 운동은 삼가며, 습기가 생기는 요인은 피한다.

⑩ 리터치는 최초 시술 후 최소 3~4주 후에 실시하고, 고객에 리터치를 하지 않을 수도 여러 번 할 수도 있다는 설명을 하도록 한다.

### ③ 세미퍼머넌트 메이크업 재료

| 시술준비물 | 세부사항 |
| --- | --- |
| 기계 및 색소 | - 색소 희석제<br>- 색소 컵 및 컵받침<br>- 부스터(흡착제)<br>- 카트리지<br>- 카트리지 쓰레기통, 쓰레기봉투<br>- 가운<br>- 일회용 라텍스 장갑<br>- 일회용 마스크<br>- 소독제<br>- 소독용 살균 쟁반<br>- 피부 살균제<br>- 화장 솜<br>- 화장용 연필 및 깎기, 마커펜<br>- 눈썹 정리 도구<br>- 마이크로 브러시<br>- 바셀린<br>- 진통 크림<br>- 소염제<br>- 장비 카트 |

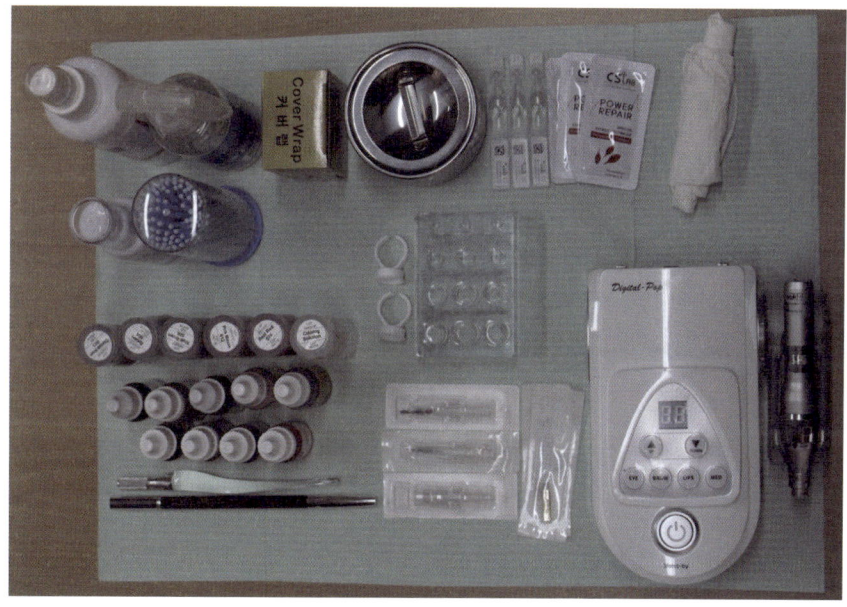

[그림 1-10] 세미퍼머넌트 메이크업 재료

## 4 세미퍼머넌트 메이크업 시술 단계

① **상담단계** : 고객과 시술 관련 상담을 진행, 색소선택, 고객동의서, 시술 전 사진을 남긴다.

② **디자인 단계** : 디자인 펜을 이용하여 고객에게 맞는 디자인을 그려 고객이 만족했을 때 다음 단계로 진행된다.

③ **통증완화 단계** : 안정제 도포 후 약 20분 정도 랩을 씌워 방치한다.

④ **시술 준비 단계** : 안정제 반응 시간 동안 고객에 맞는 눈썹 색소 배합 및 사용될 머신과 카트리지를 세팅해둔다.

⑤ **시술 단계** : 고객의 상태를 잘 살피고, 시술하면서 고객이 궁금해 하는 부분에 대해서 충분히 설명해 준다. 고객의 긴장감을 풀어주며 편안한 마음으로 시술받을 수 있도록 고객을 배려해야 한다.

⑥ **시술 마무리 단계** : 필요한 보조 제품 사용 후에 화장 솜을 이용해 색소를 닦아낸 후 비어있는 공간이나 수정이 필요한 부분은 바로 시술해 준다.

⑦ **정리 단계** : 시술 후 사진을 남겨두고 재생크림을 도포해준다. 고객에게 사후관리요령에 대한 충분한 숙지가 필요하며, 재생크림을 도포해 줄 것을 당부한다.

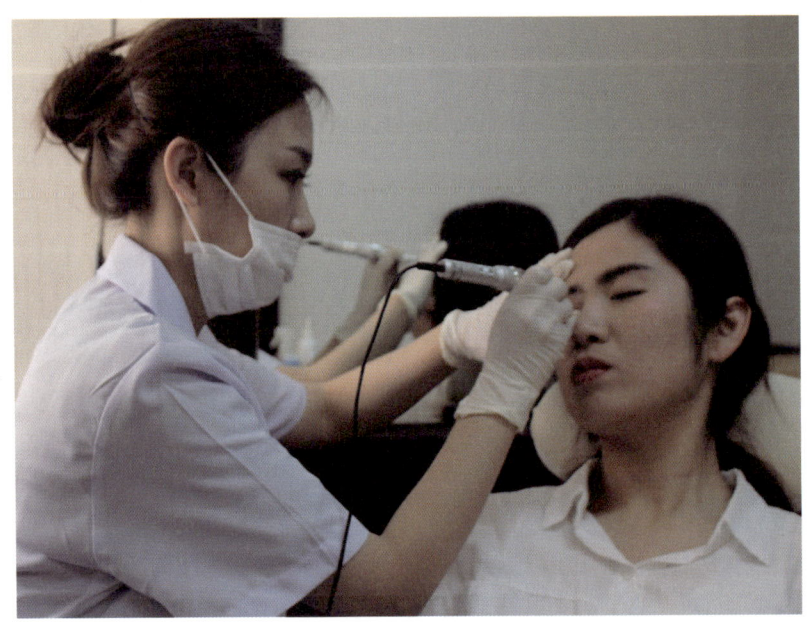

[그림 1-11] 세미퍼머넌트 메이크업 시술

## 5 고객 클레임(Claim) 발생 예방을 위한 점검사항

고객 클레임를 피하기 위해 단계적으로 다음의 사항을 활용한다.

① 고객과 시술 과정에서 발생될 수 있는 사항을 협의한다. 고객들로 하여금 정확하게 원하는 시술 형태 등 원하는 사항이 있다면 동의서를 자필로 적게 한다.

② 어떠한 만성적인 문제가 있다면 시술을 받을 수 있는 상태인지 충분히 검토한다. 만일 문제가 치유된 상태라면 충분한 시점이 지난 후에 시술하도록 한다.

③ 시술 동의서를 검토하고 자필 서명을 받도록 하며, 동의서를 복사해서 고객에게도 준다.

④ 시술 전후에 반드시 사진을 촬영하여, 시술 전후의 달라진 점을 보여준다. 이러한 작업을 통해 추후 발생될 수있는 고객의 클레임에 대해 대처할 수 있고, 고유한 자산을 관리 할 수 있다.

⑤ 고객에 대한 모든 사항을 기록하여 둔다. 시술 전후 사진, 상담일지, 동의서 등은 문제 발생 시 해결에 도움이된다.

⑥ 시술 전 후에 주의 사항을 충분히 이해시킨다.

⑦ 고객의 불만과 걱정을 무시해서는 안 되며 고객이 전화나 문자로 연락해 올 때 항상 즉시 답을 해주어야 한다.

## 6 세미퍼머넌트 메이크업 시술 전, 후의 소독 / 부작용 및 위험요소

### 1) 세미퍼머넌트 메이크업 시술 전, 후의 소독

① 세미퍼머넌트 메이크업 기구는 반드시 고객에게 쓰이기 전에 소독이 되어 있어야 한다.

② 니들은 멸균 처리된 일회용 제품사용을 권장한다. 일회용 제품을 제외한 모든 도구들은 반드시 소독, 살균하여야 한다.

③ 머신으로부터 일회용 니들을 제거하고 날카로운 제품들은 유해물질 전용 쓰레기통에 버린다.

④ 사용된 기기들은 가능한 빨리 세척한 후 소독 또는 멸균처리 해둔다

⑤ 시술자는 사용된 니들을 폐기하는 과정에서 상처를 입지 않도록 주의하여야 한다.

⑥ 반영구화장에 쓰였던 일회용 커버 등은 반드시 시술이 끝나면 바로 폐기한다.

## 2) 부작용 및 위험요소

① **감염** : 세균 감염이나 바이러스 감염이 가능하다. 반드시 멸균된 1회용 니들과 기구를 사용해야 하고 시술자는 시술 전 손을 깨끗이 씻어야 하며 직접적인 접촉을 방지하기 위해 위생장갑을 꼭 착용해야 한다. 시술 받은 고객도 시술 후 일주일간은 사후관리에 신경써야 한다.

② **알레르기 반응** : 시술 받은 사람이 색소나, 니들에 포함된 금속에 알레르기의 가능성이 있으면 반드시 알레르기 스킨 테스트를 실시, 일회용 제품을 제외한 모든 도구들은 반드시 소독, 살균하여야 한다.

③ **켈로이드** : 켈로이드 체질이라면 시술 시 켈로이드가 발생될 확률이 있음을 설명한다.

④ **색소제거** : 고객의 가장 큰 불만사항은 디자인에 대한 불만족이다. 바로 수정 처리되지 않으면 엔디야그 레이저로 제거해야 한다. 그러나 레이저 기술이 아무리 발달되어 있어도 색소를 완전히 제거하거나 이전 상태로 돌리기는 쉽지 않다. 완전히 제거한다 해도 흉터가 생길 수 있으며, 질이 떨어진 색소 사용이나 시술에 깊이 조절이 불규칙하면 영원히 지울 수 없을 수도 있다. 그러므로 디자인형태나 수정은 신중해야 할 것이다.

⑤ **MRI** : MRI 촬영 후 2시간 정도 지나면 시술 받은 부위가 부종이 생기거나 화상을 입는 경우가 보고되었다. 4시간 이후 가장 최대반응을 보이며, 아무 치료 없이도 48시간 안에 호전된다. 특히, 아이라인 시술 받은 사람이 눈에 MRI 촬영을 할 때 이미지가 방해 받는데 이는 눈에 마스카라한 경우와 같은 결과이다. 색소의 산화철성분과 MRI가 상호반응을 일으켜 나타내는 결과로 보고 있다. 그러나 MRI 안전 전문가들은 자신들이 경험한 세미퍼머넌트 시술을 받은 환자들은 촬영에 아무런 문제가 없었다고 말한다.

## 7 색소혼합법

### 1) 눈썹색소 선택

눈썹색소는 고객의 모발색, 피부색, 눈썹색, 성향에 중점을 두어 배합해준다. 가장 많이 선호하게 되는 색은 브라운 계열이지만 색소 배합 성분상 붉은색의 잔여물이 남는다. 이를 보완하기 위해 단독으로 쓰기보다 혼합하며 사용하는 추세이다.

#### (1) 눈썹 중화를 돕는 색소

수정을 위해 색소들을 사용할 경우, 자연스럽고 투명한 색을 얻기 위해 색소에 정제수 또는 리웨이팅솔루션(색소첨가제)을 혼합하여 반드시 희석해서 사용한다.

① **퍼플아이브로우컬렉터** : 보라색 눈썹에 사용

② **블루아이브로우컬렉터** : 푸른색 눈썹에 사용

③ **노란색** : 진한 블랙 눈썹에 사용(기존색보다 한톤 흐려지는 효과, 만약 베이지나 화이트를 사용할 경우 자국이 남을 수 있다.)

④ **오렌지** : 푸른색 또는 어두운 회색의 눈썹에 사용(원하는 색이 날 때까지 터치, 어둡게 되면서 브라운으로 변함. 오렌지색이 너무 많이 나타나는 경우 토프 사용)

⑤ **로즈레드** : 푸른색 또는 중간회색의 눈썹

⑥ **토프** : 밝은 보라색 또는 밝은 분홍색 눈썹(노란색 소량 같이 첨가)

⑦ **올리브** : 진한 보라색 또는 진한 분홍색 눈썹(노란색 소량 같이 첨가)

⑧ **베이지** : 잘못된 부분 수정

⑨ **화이트** : 명도조절, 단독 사용하지 않음

## 2) 아이라인 색소

일반적으로 아이라인 색소는 검정색을 기준색으로 하여 단독 사용하거나 아이라인 전용 색소를 사용한다. 고객에게 자연스러워 보이는 색소를 선택하는 게 중요하다.

① **검정색 계열** : 선명하고 또렷한 눈동자를 나타낼 때. 가장 무난하고 대중적이다.

② **브라운 계열** : 부드럽고 깊어 보이는 눈매를 표현하고자 할 때 사용한다

[그림 1-12] 눈썹 색소, 아이라인 색소

## 3) 입술 색소의 선택

입술 색소는 고객의 피부색, 입술 바탕색, 체온 날씨에 근거하여 일정한 변화가 있을 수 있다. 차가운 성향의 푸른빛을 띠는 입술인지 따뜻한 성향의 선홍색을 띠는 입술인지 정확하게 판단할 줄 알아야 한다. 차가운 성향의 입술에는 진한 색을 단독으로 사용해서는 안 되며, 따뜻한 성향의 입술에는 어떤 색을 사용해도 무난하게 잘 어울릴 수 있다.

[그림 1-13] 입술색소

## (1) 입술의 중화를 돕는 색소

　대부분의 붉은색 색소에도 푸른색 성분이 혼합되어 있다.(진한레드, 진한핑크 등) 색소에 있는 푸른색을 중화하기 위해서는 푸른색 바탕을 가진 붉은색에 오렌지색을 첨가해 주면 푸른색으로 변색되는 것을 방지할 수 있다. 입술이 푸른빛을 띠는 고객, 입술이 어두운 고객들은 오렌지컬러로 1차 터치를 한 후 오렌지계열이 많이 섞인 레드 컬러를 사용해 마무리 해준다. 입술의 바탕색이 너무 핏기가 없어 생기 없어 보인다면 밝은 레드를 사용하여 생기 있는 입술로 만들어 준다.

PART 2

피부학

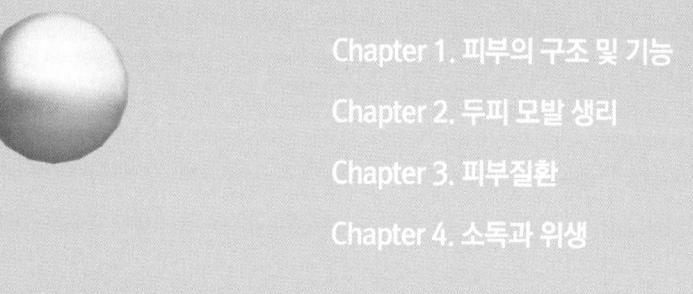

Chapter 1. 피부의 구조 및 기능

Chapter 2. 두피 모발 생리

Chapter 3. 피부질환

Chapter 4. 소독과 위생

# chapter 1
## 피부의 구조 및 기능

### ❶ 피부의 구조 및 기능

#### 1) 피부

- 피부는 신체의 표면을 덮고 있는 중요한 기관으로 다양한 생리 기능과 신체를 보호하는 역할을 한다.
- 피부는 혈액과 림프에 의해 영양분이 주어지고 체온조절을 한다.
- 성인은 체중의 16~20%, 면적이 펼치면 1.6㎡이다.
- 눈꺼풀의 두께는 1.6mm, 허벅지는 6mm 이다.
- 감각 수용기를 통하여 외부의 자극으로부터 신체 내부를 보호한다.
- 수분과 지방, 단백질 및 무기물로 이루어져 있다.
- 피부의 표면에는 가로 세로 줄무늬로 형성되어 있어 올라온 부분을 피부 소릉, 들어간 부분을 피부 소구라 한다.
- 부속기관으로 한선, 피지선, 모발 및 조갑 등으로 구성되었다.

#### 2) 피부의 구조

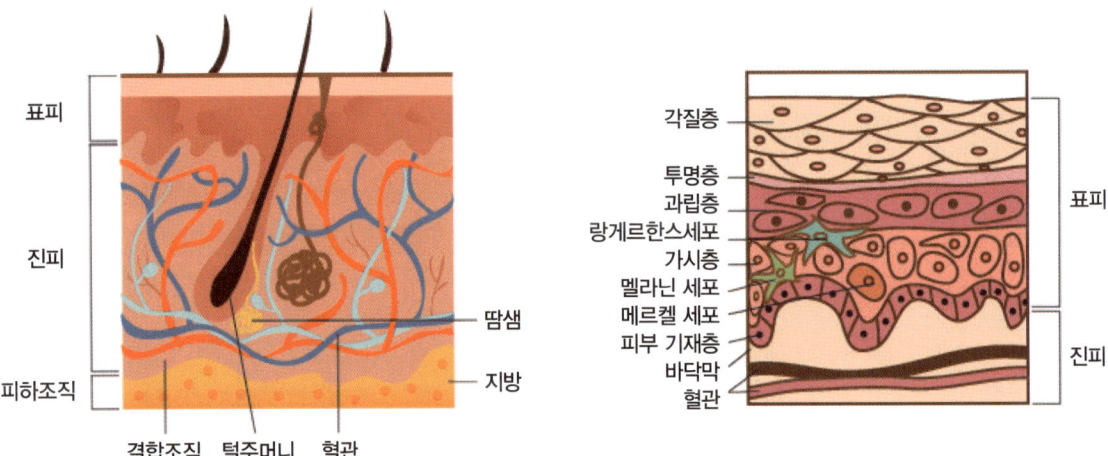

[그림 2-1] 피부단면도

## (1) 표피

- 피부의 가장 외부에 5개 층으로 구성되었다.
- 산에는 강하나 알칼리에는 약하다.
- 피지의 분비구를 겸하고 있는 모공과 땀을 분비하는 한공이 있다.
- 혈관은 적게 분포되었으며 편평상피세포이다.
- 두께는 0.03~1mm, 눈꺼풀, 볼 부위가 비교적 얇고 손바닥, 발바닥 등은 두껍다.
- 표피 세포는 각화, 탈락된다.

① 각질층 (Stratum corneum)

- 10~20개 층이고 가장 바깥층에 위치한다.
- 핵과 생명력이 없는 죽은 세포이다.
- 각화현상은 피부유형과 개인에 따라 상태가 다르다.
- 바늘 모양과 같은 각화된 죽은 세포와 때, 먼지 등으로 되어 있다.
- 세포의 보호와 자외선을 막는 작용을 한다.
- 다른 세포보다 세포막이 두꺼워 신체를 보호하기 좋다.
- 각질의 두께는 0.1~0.2mm, 주성분은 케라틴 50%, 수용액 23%, 수분 7%이다.
- 각화된 세포와 먼지, 때, 피지 등과 함께 수분 함량을 조절해주는 역할을 한다.
- 박테리아나 곰팡이 번식을 억제, 공해와 이물질의 침투 시 피부를 보호한다.
- 상해나 유해물질에 대해 저항력이 있다.
- 세포 간 기질 성분은 주로 세라마이드 각질층 사이에서 라멜라 구조로 존재한다.

② **투명층**(Stratum lucidum)

- 과립층과 각질층 사이의 경계를 이룬다.
- 생명력이 없는 무핵의 투명한 세포이다
- 2~3개의 층으로 손·발바닥에 많이 분포되어 있다.
- 엘라이딘(Elaidin)이라는 반유동적 단백질이 있는데, 빛을 굴절시켜 빛을 차단하고 수분침투를 방지하고 윤기를 부여한다.

> ∗ **레인방어막(Rein membrane, 수분증발 저지막)**
> ① 체내의 수분증발방지, 외부의 이물질 침투를 방지한다.
> ② 레인방어막 위로는 약산성이면서 10~20% 수분 함유, 레인방어막 아래로 약알칼리성이면서 70~80%의 수분을 함유한다.

③ **립층**(Stratum granulosum)

- 2~5개의 층으로 케라토히알린 과립이 생성되면서 각질화과정이 시작된다.
- 피부방어 역할, 세포 내에서 빛을 굴절, 반사시켜 자외선의 80%가 흡수된다.
- 케라토히알린은 케라틴단백질이 뭉친 것으로 주성분은 단백질, 핵산, 지질 및 당분이다.
- 피부 내부로부터의 수분증발을 저지하고 피부염과 피부 건조를 방지한다.
- 극세포층으로부터 성장되어 위로 올라오면서 세포크기가 점점 커지고 케라토히알린 과립을 함유하고 있다.

④ **유극층**(Stratum spinosum)

- 표피의 대부분을 차지하는 가장 두꺼운 층이다.
- 핵이 살아있고 물질교환을 한다.
- 5~10층의 다각형 세포로 구성한다.
- 세포표면에는 가시모양의 돌기가 인접세포와 다리모양으로 연결되어 가시층 또는 말피기층이라고 한다.
- 핵과 다세포 사이에 림프액이 있어 피부의 혈액순환과 영양공급에 관여하는 물질대사가 이루어진다.
- 세포분열이 활발하지 않지만 표피를 다칠 경우 피부손상을 복구할 수 있다.
- 피부의 면역기능을 담당하는 랑게르한스 세포가 있다.

⑤ **기저층**(Stratum basale)

- 진피와 경계를 이루는 물결모양의 단층이다.
- 세포분열을 일으켜 새 세포형성을 형성한다.
- 진피의 혈관과 림프관을 통해 영양을 공급 받는다.
- 기저층의 원세포(모세포)가 상처를 입으면 세포재생이 어려워 흉터가 남는다.
- 케라틴을 만드는 각질형성세포와 피부색을 좌우하는 색소형성세포를 갖고 있다.
- 멜라닌 색소는 멜라노사이트라는 세포에서 만들어지는데 멜라닌의 분포, 존재, 형태, 양적 분포에 의해 피부색이 달라진다.
- 자외선이 강할 때는 자외선을 흡수, 피부를 보호하는 중요한 역할을 한다.

## (2) 표피(Epidermis) 구성세포

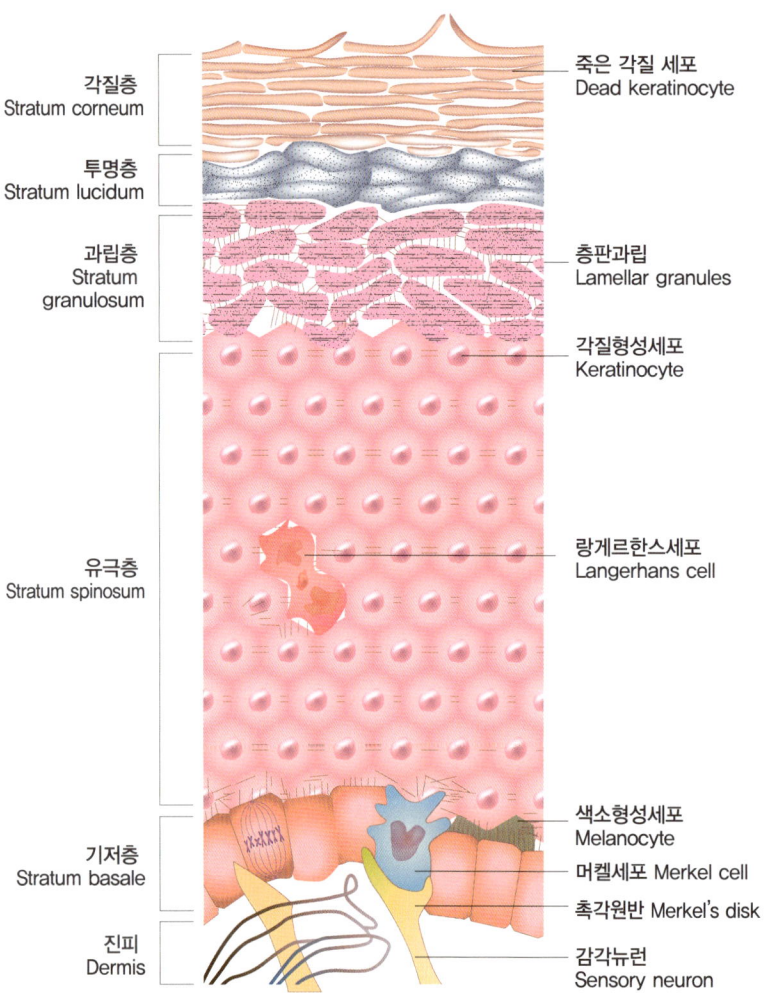

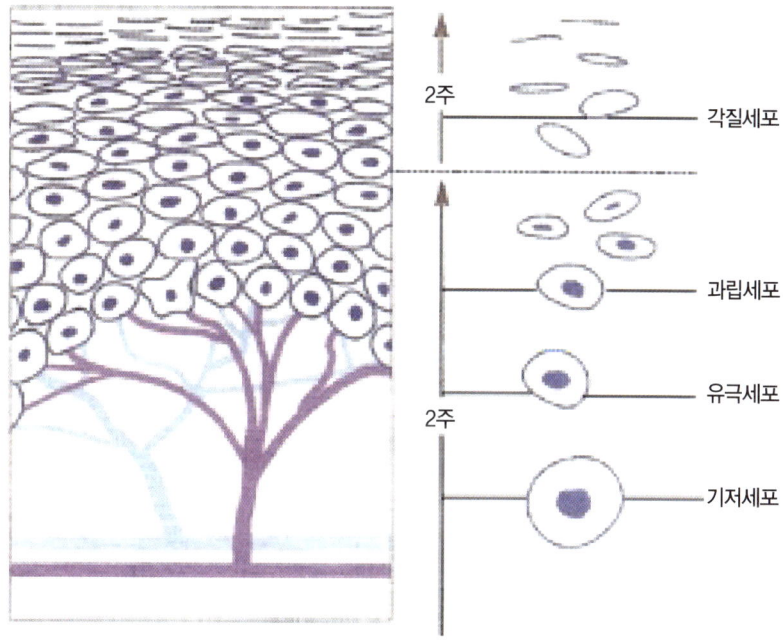

[그림 2-2] 표피의 구조

① 각질형성세포(Keratinocyte)

- 표피세포의 대부분이 차지하며 기저층에서 처음 만들어지는 표피의 세포는 각화됨에 따라 기저층 → 유극층 → 과립층 → 투명층 → 각질층으로 모양이 변화된다.
- 각질형성세포의 수명은 28일이며 부위에 따라 다르나 매일 수백만 개씩 떨어져 나가고 아래층으로부터 수백만 개의 새로운 세포가 생성되어 올라온다.

② 멜라노사이트(Melanocyte)

- 표피와 진피의 경계 부분에 존재하여 기저 세포층에 있다.
- 멜라닌 세포 1개는 평균 36개의 각질 세포와 연결되어 영향을 미친다.
- 수지상 돌기를 가지고 주위의 각질형성세포 사이로 뻗어 있다.

- 멜라닌 색소를 함유한 멜라닌 소체를 합성하는 기능, 기저층에 5~10% 있다.
- 피부의 자외선 노출 시 자외선을 흡수, 산란시키는 작용, 피부를 보호해준다.
- 여러 요인으로 생성되는 유해산소 유도체에 대한 생화학적 중화작용을 한다.
- 멜라닌 세포의 상대적인 수는 성, 인종에 관계없이 동일하다.
- 피부색을 결정하는 것은 이 세포가 생산하는 멜라닌의 양에 의해서 결정된다.
- 멜라닌의 양이 증가하는 요인으로 자외선, 정신적 스트레스, 임신, 내장장애, 음식물과 경구피임약 등으로 피부색의 변화를 가져오게 된다.

③ **랑게르한스 세포**(긴수뇨 세포, Langerhans cell)

- 방추형의 세포돌기 모양, 대부분 표피의 유극층의 각질형성세포에 존재한다.
- 외부의 이물질에 즉시 알레르기 반응을 일으키는 면역담당세포이다.
- 세균의 침투로부터 신체방어반응을 인지, 중계해준다.
- 피부면역반응을 하여 외부의 항원을 림프구로 전달하는 역할을 한다.

④ **머켈세포**(Merkel cell)

- 기저층에 위치, 모발이 없는 손바닥, 발바닥, 입술 등에서 발견된다.
- 신경섬유 말단과 연결되어 신경자극을 뇌에 전달한다.
- 신경세포와 연결되어 피부에서 촉각을 감지하여 촉각세포라 한다.

### (3) 진피(Dermis)

- 표피보다 15~40배 두껍고 0.5~4㎜, 피부의 90% 이상을 차지한다.
- 표피에 영양을 공급해 주는 기능, 상처 치유 시 표피에 상호 작용하는 기능 등이 있다.
- 표피와 피하조직 사이에 위치하는 결합조직 층이다.
- 유두층과 망상층으로 구분된다.
- 피부의 부속기관인 신경, 림프관, 혈관, 피지선, 한선, 모발과 입모근을 포함한다.
- 수분, 단백질, 당질, 무기염류로 이루어져 영양과 신진대사를 조정한다.
- 외부로부터 신체 내부를 보호한다.
- 노년기에 들어서면서 차츰 탄성섬유가 줄어들어 주름의 원인이 된다.
- 병균이 침입하면 모세혈관에서 백혈구에 의해 식균 작용을 한다.
- 콜라겐과 엘라스틴, 무코다당류로 구성, 신체의 탄력과 윤기를 유지한다.

① **유두층**(Papillary layer)

- 진피에서 표피 쪽으로 둥글게 돌출되어 있다.
- 솔방울 모양의 돌기는 모세혈관이 몰려 있어 기저층에 영양공급, 노화되면 물결 모양이 평평해진다.
- 촉각과 통각이 있다.
- 미세한 교원질과 섬유 사이에 빈 공간으로 구성되고 세포성분과 기질성분이 많다.
- 혈관과 신경이 있고 혈액을 통해 영양공급을 해준다.
- 케라티노사이트의 분열을 촉진한다.
- 수분이 많아 피부의 온도를 조절한다.

② **망상층**(Reticular layer)

- 피부의 탄력성은 진피를 이루는 섬유질의 탄력상태에 따른다.
- 섬유 단백질인 콜라겐과 엘라스틴으로 이루어져 과잉파열을 막는다.
- 붕괴되면 콜라겐이 굵어지고 엘라스틴이 끊어지고 초질의 감소현상이 일어난다.
- 압각, 온각과 한각이 있다.

### * 교원 섬유(Collagen fiber, 콜라겐)

① 피부 내의 자연 보습을 담당하는 매우 중요한 요소로 피부가 필요로 하는 수분을 공급해 준다.
② 진피의 70%를 차지하는 섬유상 단백질이다.
③ 탄력성은 적으나 탄력섬유와 함께 진피에 장력과 탄력성을 제공하고 기계적 외력이나 생리, 화학적 자극에 대한 강한 저항력을 가진다.
④ 자외선으로부터 피부보호, 수분보유 및 결합원으로 보습제 역할을 한다.
⑤ 피부에 상처가 날 경우 치유하는 역할을 한다.

### * 탄력섬유(Elastin fiber, 엘라스틴)

① 피부탄력의 역할, 파열을 방지하는 스프링역할을 한다.
② 탄력섬유의 주요기능은 변형된 모습이 원래의 모습으로 되돌아오도록 탄력성을 제공하는 것으로 인체 내에서 신축을 필요로 하는 조직에 있다.
③ 노년에 되면 감퇴되어 주름의 원인이 된다. 즉 피부노화는 탄력섬유의 변성이다.

### * 기질(Ground substance)

- 진피의 섬유성분과 세포사이를 채우고 있는 물질을 기질이라 한다.
- 대부분 히알루론산(Hyaluronic acid), 콘드로이친 황산(Chondroitin sulfater) 등 글리코사미노글리칸(Glycosaminoglycans)들로 이루어져 있다.

## (4) 피하조직(Subcutaneous tissue)

- 진피와 근육 골 사이에 수많은 지방 세포로 되어 있으며 지방량에 따라 신체의 곡선미와 살이 찌고 마르는 원인이 된다.

- 진피 바로 아래 근육과 뼈 사이에 있다.

- 지방세포 소엽으로 구성된 느슨한 결합조직, 다량의 피하지방이 축적되어 있다.

- 진피조직보다 매우 두꺼운 층으로 체형 결정, 외상으로부터 내부를 보호한다.

- 표피와 진피의 활동에 영양을 보급, 열의 발산을 막아 몸을 따뜻하게 보호한다.

- 물을 저장하며 수분조절을 한다.

- 손발바닥은 탄력지방으로 귀, 고환, 안륜근과 구륜근은 지방조직이 거의 없다.

### 3) 피부의 기능

#### ① 체온조절기능

- 모세혈관의 확장, 수축에 따라 피부혈류량이 변화, 발한에 의해 조절

- 정상체온을 유지하기 위해 한선, 혈관, 피지선, 저장지방, 림프관, 한각, 온각 등의 역할이 일정하게 이루어져야 한다.

#### ② 증발 조절기능

- 피지막, 레인방어막의 역할

#### ③ 세균·미생물의 침입 시 방어기능

- 피부표면에는 약산성(pH 5.5~5.6)보호막이 존재, 박테리아와 같은 미생물로부터 피부를 보호한다.

#### ④ 보호기능

- 각질층의 단단함, 지방, 진피의 탄력성은 압력·충격·마찰로부터 피부보호

- 물리, 화학적 장애, 자외선, 세균으로부터 보호

- 날씨에 의한 영향으로부터의 보호기능(피지막, 표피의 무핵층)

- 화학적 영향으로부터의 보호기능(산성막의 자연재생, 각질층의 박리현상, 피지막)

- 광선으로부터의 보호기능 (멜라닌색소, 투명층, 체온조절기능)

#### ⑥ 감각(지각작용)

- 촉각, 통각, 냉각, 온각, 압각 등 감각기들이 반응한다.

#### ⑦ 흡수작용

- 성호르몬, 비타민 A, 비타민 D, 유황 등이 잘 흡수된다.

#### ⑧ 호흡작용

- 피부표면을 통해서 한다.

⑨ 비타민 합성 작용

- 자외선이 피부 안에서 비타민을 합성한다.
- **물질전환의 역할** : 프로비타민 D가 비타민 D로 전환 및 활성화된다.

⑩ 분비배설작용

- 피지분비와 땀을 배설한다.

⑪ 저장작용

- 피부는 대사에 필요한 에너지원인 지방을 피하조직에 저장한다.

⑫ 표정작용으로서의 역할

- 30여 개의 얼굴근육이 내면의 감정을 표시한다.
- 자주 사용하는 근육이 주름을 만들어 인상을 결정짓는다.

⑬ 재생작용으로서의 역할

- 피부조직의 복구능력에 따라 상처치유가 되기도 하며 진피조직이나 기저층이 상처를 입으면 재생이 힘들다.

## 2 피부의 부속기관의 구조 및 기능

### 1) 피지선(Sebaceous gland, 기름샘)

#### (1) 특징

- 진피층에 있으며 하루 평균 1~2g의 피지를 모공을 통해 밖으로 내보낸다.
- 코 주위, 이마, 턱에 많이 존재, 손바닥, 발바닥에는 피지선이 존재하지 않는다.
- 얼굴, 두피, 가슴 부위는 큰 피지선이며, 모공이 각질이나 먼지로 막혀 피지가 외부로 분출이 안 되면 여드름 요소인 면포로 발전한다.
- 피부건조를 방지하고 유해물질의 침입을 막는다.
- 피부를 부드럽게 하고 기름이 녹기 쉬운 약제를 체내에 흡수한다.
- 피지선의 활동은 개인마다 다르며 호르몬의 분비와 밀접한 관계가 있다.

#### (2) 피지선의 종류

- 큰 피지선(얼굴의 T-존, 목, 등, 가슴)
- 작은 피지선(전신)
- 독립피지선(입술, 대음순, 성기, 유두, 귀두)
- 손바닥과 발바닥은 피지선이 존재하지 않음

#### (3) 피지의 역할

- 수분손실을 억제, 항 세균 작용, 세균 활동억제
- 표피에 얇은 피지막을 형성하여 피부에 유연작용
- 모발이 부스러지는 것 방지
- 외부의 이물질 침투 방지
- 피부를 약산성 상태로 유지하며 알칼리를 중화하는 피부 중화작용을 한다.

## 2) 한선(Sweat gland, 땀샘)

- 외분비조직으로 땀을 분비한다.
- 전선에 200만 개가 있으며 전 피부에 분포되어 있다
- 손・발바닥・겨드랑이・이마에 많이 위치한다.
- 생후 5개월에 발생하기 시작하여 전신에 약 200~400만 개 정도 생겨난다.
- 수분분비와 노폐물의 배설, 체온조절을 한다.
- 열운동, 감정 상태나 약에 의해 활동이 증가된다.

### (1) 에크린선(Eccrine gland, 소한선)

- 전신의 진피층과 피하지방 사이에 실 뭉치 모양으로 분포되어 있다.
- 대퇴부위에 적게 분포되어 있다.
- 성인은 200~400만 개의 에크린선이 있다.
- 발바닥 부위에 많이 분포되었다
- 땀 분비가 적고 노폐물 배설 및 체온조절의 역할을 한다.
- 지속적으로 분비물을 생산 배출한다.
- 염분이 함께 배출되므로 많은 양의 분비는 탈진에 이른다.
- 온열성 발한(체온조절)과 정신성 발한(자율신경계의 교감신경에 영향)을 한다.
- 무색, 무취로서 땀의 산도는 pH 3.8~5.6이다.
- 99%의 수분, 1%의 Na, Cl, K, Ca, 단백질, 철, 인, 아미노산으로 이루어져 있다.

### (2) 아포크린선(Apocrine gland, 대한선, 체취선)

- 모공을 통하여 분비되며, 단백질 함유량이 많아 체취를 갖게 된다.
- 체취는 남성보다 여성에게서 강하게 나타나고 갱년기 이후 기능이 감소된다.
- 세균으로 인하여 산도가 붕괴되면 심한 냄새를 동반한다.
- 겨드랑이, 대음순, 항문주위, 유두, 배꼽 주변, 두피에 분포되어 있다.
- 흑인, 백인, 동양인 순으로 많다.
- 여성은 월경 전, 월경 중에 많이 생산되고, 임신 중에 감소한다.
- 정신적인 스트레스와 에피네프린과 같은 물질에 의해 자극된다.

### (3) 역할

- 체온조절, 피지막과 산성막 형성, 신장역할의 보조
- 수분조절기능, 수분 노폐물의 배출

### (4) 땀의 분비량

- 정상인 1일 기준 0.6~1.2 ℓ

### (5) 땀의 이상분

- **다한증**: 국소적, 전신적, 미각, 후각 다한증 및 신체의 허약함도 다한 증세를 보인다.
- **소한증**: 갑상선 기능저하, 금속성 중독, 신경계통의 질환으로 땀의 분비가 감소된다.
- **무한증**: 피부병의 결과로 땀 분비가 안 된다.
- **취한증**(액취증): 암내, 한선의 내용물이 세균으로 인하여 부패되면서 악취를 발생한다.
- **한진**(땀띠): 한선의 입구나 중간 등이 폐쇄, 배출되지 못해 발생한다.

## chapter 2
# 두피 모발 생리

## 1 모발(Hair, 털)

### 1) 모발의 특징

- 경단백질인 케라틴으로 구성되어 있다.
- 피부표면을 거의 덮고 있으며 손, 발바닥, 입술, 유두, 소음순에는 전혀 없다.
- 인체에 약 130~140만 개의 털이 자라며 약 10만 개 정도이나 인종, 색, 모질 등의 차이가 있다.
- 두발의 굵기 약 0.1mm, 두께는 0.005~0.6mm이다.
- 후두부가 굵고 두정부가 가장 가늘다.
- 낮보다 밤, 남자보다 여자, 가을과 겨울보다는 봄과 여름에 성장이 빠르다.
- 모발은 화학적 성분에는 강하나 물리적인 자극에는 약하다.
- 하루에 40~100개 정도의 모발이 자연탈모가 된다.
- **하루 성장 길이** : 약 0.35mm
- **모발의 일반적인 수명** : 남(3~5년), 여(4~6년)
- **모발의 성장** : 성장기 → 퇴행기 → 휴지기 → 발생기
- **모발의 ph**: 5.0 전후

### 2) 모발의 기능

① **보호기능**
② **체온조절기능**
③ **지각기능**: 촉각, 통각을 전달한다.
④ **장식기능**: 외모를 장식하여 미적인 효과를 제공한다.

## 3) 모발의 질환

털의 이상증세로는 조모증, 다모증, 탈모증, 무모증, 백모증이 있다.

① **조모증:** 일반적으로 턱, 가슴, 몸과 같이 남성과 여성의 신체 중 일부에 털이 없거나 거의 없어야 하는 것이 정상인 부위에 털이 과다한 것을 말한다.

② **다모증:** 털의 성장을 촉진시키는 호르몬인 안드로겐의 영향과는 무관하게 털이 무성하게 자라는 것을 말한다. 남성과 여성 모두에게 나타날 수 있는 증상으로 선천적 전신 다모증과 후천적 전신 다모증, 국소성 다모증으로 나눌 수 있다.

③ **탈모증:** 정상적으로 모발이 있어야 할 곳에 모발이 없는 상태를 말한다. 모발은 생명에 직접 관련되는 생리적 기능을 하지는 않지만 미용적인 역할이 크며, 자외선 차단, 머리 보호 등의 기능이 있다.

④ **무모증:** 음부에 털이 일반인에 비해 거의 없거나 상당히 모자라는 경우를 말한다.

⑤ **백모증:** 머리카락, 눈썹, 속눈썹에서 멜라닌 색소 감소하거나 사라지는 것이다. 백모증은 "Mallen Streak"(멀린 스트릭)으로 이어질 수 있으며, 유전성일 수 있다.

## 4) 모발의 성분

90% 정도의 케라틴, 10% 내외의 수분, 소량의 지질

## 5) 모발의 구조

① **모간 :** 피부 표면에 나와 있는 부분으로 비닐층과 섬유층으로 이루어져 있다.

- **모표피**(Cuticle)
- 제일 겉 층으로 각화작용을 한다.
- 모발의 19~20%로 케라틴으로 구성되어 모피질을 보호하는 역할을 한다.

- **모피질**(Cortex)
- 모발의 중간에 위치하고 모발의 80~90%를 차지한다.
- 모발의 색을 결정하는 멜라닌 색소를 함유하고 모발의 신축성과 탄력성을 부여한다.

- **모수질**(Medulla)
- 모발의 가장 안쪽에 위치, 주로 경모에 존재하고 연모에는 없다.

② **모근**(Hair root): 피부 안의 털 부분으로 모낭으로 싸여 있다.

③ **모낭**(Follicle): 모근을 싸고 있는 주머니이며 태생 9주부터 발생시작이다.

④ **모유두**(Fapilla): 모발의 필요한 영양은 모유두에서 혈관으로 공급한다.

⑤ **입모근**(Arrector pili muscle): 진피의 유두층에 있는 모낭에 부착되어 평활근으로 '털세움근'이라고도 한다.

## ❷ 두피생리

### 1) 두피의 정의

- 두피는 두부 표면을 둘러싸며 두부 내부를 보호하고 있는 피부조직이다.
- 두피는 피부의 일부분으로 비슷한 구조를 가지고 있으나, 특징적으로 다른 부분의 모낭보다 복잡하고 피지선이 많으며, 신체를 감싸는 다른 외피보다 혈관과 모낭이 많이 분포되어 있다.
- 진피층에는 모세혈관이 분포되어 있어 두부의 외상에 의해 출혈이 발생하며, 조밀한 신경분포를 통해 머리카락을 통한 감각을 느낄 수 있게 한다.

### 2) 두피의 구조

- 두피는 동맥, 정맥, 신경들이 분포한 외피와 두개골을 둘러싼 근육과 연결된 신경조직인 두개피, 얇고 지방층이 없고 이완된 두개 피하조직으로 이루어져 세 개의 층으로 구성된다.

#### (1) 외피(표피와 진피)

후두부는 매우 두껍지만 그 밖의 부분에서는 매우 얇다. 피부하층부는 진피의 심층부와 두개피하골막의 표면을 덮고 있으며 신경섬유로 연결되어 있는 세포조직으로 구성되어 있다. 세포조직의 심층부에는 림프관과 두피의 신경분포와 혈관분포를 확실하게 하는 동맥, 정맥, 신경의 가지가 분포되어 있다.

#### (2) 두개피

두개골을 둘러싸고 있는 근육과 연결되어 있는 신경조직(건막)이다. 탄력성이 없으며 외피와 함께 임의의 상처로부터 두개골을 보호한다.

### (3) 두개피하조직

지방이 없으며 얇고 이완된 층으로 쉽게 갈라지고 나이가 들수록 더욱 이완된다.

## 3) 두피의 기능

### (1) 보호기능

멜라닌 색소와 표피는 광선으로부터 두피를 보호하고, 두피가 건조되지 않도록 하며, 표면이 산성막으로 되어 있어 외부 감염과 미생물의 침입으로부터 두피를 보호한다. 두피의 각질층, 피하조직, 결합조직으로 인해 외부 마찰에 대응하고 외부 환경으로부터 두피 내부를 보호하는 역할을 한다.

### (2) 호흡기능

인체의 1~3% 정도는 폐가 아닌 피부를 통한 호흡을 하게 된다. 두피에 각질이나 노폐물이 쌓이면 두피의 모공을 막아 피부의 호흡을 저해할 수 있다.

### (3) 분비와 배설 기능

피지선에서는 피지를 분비하여 수분 증발과 세균에 대한 감염으로부터 막아주는 역할을 하며 한선에서는 땀을 배출하여 체온 조절을 한다.

### (4) 체온 유지 기능

입모근의 수축과 이완 작용을 통해 모공을 개폐하여 체온을 유지하고, 모세혈관의 혈류량을 조절하여 체온을 조절한다.

### (5) 비타민 D 생성 기능

자외선을 받으면 프로비타민 D가 비타민 D로 진환되어 몸 안에 흡수된다. 흡수된 비타민 D는 칼슘의 흡수를 촉진시켜 뼈의 형성에 관여한다.

## ❸ 모발생리

### 1) 모발의 정의

모발은 머리카락을 포함한 전신에 있는 모든 털로 케라틴이 주성분인 피부의 부속기관이다.

### 2) 모발의 발생

#### (1) 모낭의 성장

태아기 모낭은 몸 전체로 볼 때는 머리에서 발끝의 방향으로 이루어진다. 콧수염, 눈썹과 턱의 모낭은 임신 9주 초 태아의 표피에서 자라기 시작하며 이와는 다르게 머리와 몸통, 팔, 다리의 모낭은 대략 임신 22주 정도까지 성장하게 된다. 이처럼 모낭세포는 몸 전체에서 동시에 자라는 것은 아니다. 어떤 부분의 모낭에서는 털이 자라는 반면 다른 부분은 아직 모낭의 성장 초기 단계일 수도 있다.

#### (2) 모낭 형성기

모낭 형성이란 모낭이 생성되거나 성장하는 것을 말한다. 모낭은 모발 성장을 위한 기본 단위이다. 모낭은 모낭 덩어리에서 자라나게 되는데 한 덩어리는 2~5개의 모낭으로 이루어져 있다. 모낭은 피부층으로 뚫고 들어가 단단한 세포기 등을 형성한다는 다섯 단계를 통해 성장한다.

① 전모아기

- 태아에서 초기 모낭 성장기를 말하며 이 단계 동안에는 상피세포의 덩어리가 피부 표면에서 형성된다.
- 이러한 세포 덩어리는 결합조직 형성세포 바로 위에 형성된다.

② 모아기

- 배세포기 동안 초기 배세포들은 표피에서 피부의 아래층인 진피로 성장하기 시작한다.

③ 모항기

- 모항기 동안 상피 세포는 아래로 향하는 단단한 기둥을 형성하면서 성숙하는 진피를 뚫고 자라게 된다.
- 결합조직 형성세포는 자라나는 상피세포 기둥 앞쪽에 남아있고 후에 섬유근초와 모유두를 형성하게 된다.

④ 모구성 모항기

- 구상기에는 모낭 기둥이 세포 분열을 일으키면서 계속하여 아래쪽으로 성장한다.
- 가상 아래쪽 부분은 원시적인 모유두를 감싸는 오목한 부분을 가진 모구로 발전하게 된다.
- 모낭의 인접 부분은 모기질을 가지고 있으며 이는 후에 모간과 내부근초를 형성하게 된다.
- 두 개의 상피세포의 싹은 모낭의 뒷부분에서 나타나게 된다. 피부 표면과 가까운 하나는 피지선이 되며 좀 더 아래쪽에 있는 불룩한 주머니는 입모근이 생성될 자리가 된다.

⑤ 완성 모낭

- 성숙하고 있는 구모양의 모근은 내외부근초와 모간으로 분화한다. 모낭은 아래쪽으로 계속 자라 진피 속으로 들어가 모낭 형성을 마친다.
- 이 기간이 지나면 새로운 털을 형성하기 위해 위쪽으로 성장한다. 새롭게 형성된 모간은 피부가 생기기 전에 형성된 통로를 통과하게 된다.

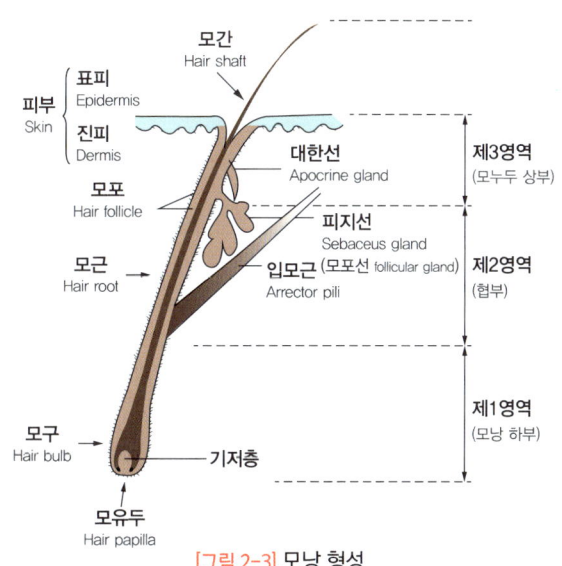

[그림 2-3] 모낭 형성

### 3) 모발의 구조

모발은 피부 속에 있는 모근과 우리 눈으로 볼 수 있고 만질 수 있는 피부 밖의 모간으로 이루어져 있다.

#### (1) 모근부

##### ① 모낭

- 종 혹은 전구 모양의 주머니와 같은 구조로 피지선과 입모근이 부착되어 있으며, 이곳에서부터 털의 성장이 이루어진다.
- 모낭은 몸 전체에 걸쳐 분포되어 있으며 손바닥, 발바닥에는 존재하지 않는다.
- 일반적으로 하나의 모낭에 하나의 모발이 달려 있으나 3개의 모발이 달려 있는 경우도 있다. 이것은 모발의 밀도(숱)에 영향을 미친다.

##### ② 모구

- 모근의 가장 밑바닥에 있으며 모유두와 접해 있어 속이 빈 오목한 모양을 하고 있다.
- 모발이 생장하는 장소로 모모세포와 멜라닌세포로 구성된다.

##### ③ 모유두

- 모유두는 진피돌기로 유두모양이며, 모구의 바깥쪽에 위치한다.
- 모유두는 움푹 들어간 모구와 맞물려 있고 많은 모세혈관이 존재하여 모모세포에 모발 성장에 필요한 산소와 영양공급이 이루어진다.
- 모유두는 모세혈관과 신경이 연결되어 있다.

##### ④ 모모세포

- 모모세포는 모유두를 덮고 있는 세포층으로 끊임없는 세포분열로 모발생장에 매우 중요한 역할을 한다.
- 여기에서 모표피, 모수질, 모수질로 분류되어 생장하게 된다.

⑤ 내, 외모근초

- 모근을 감싸고 있는 모낭과 모표피층 사이에 존재하는 세포층으로 내모근초는 다시 외측으로부터 헨레층, 헉슬리층, 초소피층으로 구분된다.
- 새롭게 만들어지진 모발이 완전히 각화되어 밖으로 나오게 되면 이들 세포층도 비듬이 되어 소멸한다.

⑥ 피지선

- 모낭벽에 붙어 있는 기름샘으로 피지를 분비하여 모발에 윤기와 유연성을 주고, 피부 표면을 부드럽고 매끈하게 한다.
- 피지선은 손바닥, 발바닥, 입술에는 존재하지 않는다.

⑦ 입모근

- 모낭에 붙어 있으며 의지와 상관없이 운동하는 근육이다.
- 입모근은 표피 근처까지 연결되어 있으며 추위나 공포 시에 자율적으로 수축하여 털을 세우고 피부에 소름을 돋게 하는 역할을 하여 털세움근이라고도 한다.

⑧ 색소세포

- 모발의 색을 결정짓는 멜라닌 색소를 만들어내는 색소형성세포이다.

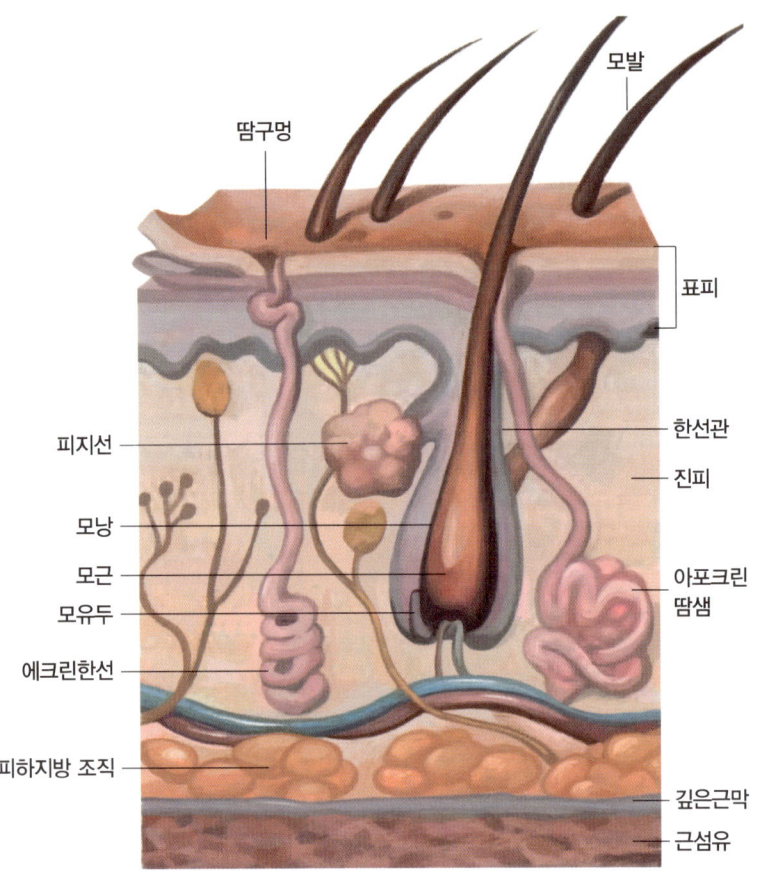

[그림 2-4] 모발의 구조

## (2) 모간부

① **모표피**(모소피, Cuticle)

- 가장 바깥쪽으로부터 에피큐티클(Epicuticle), 엑소큐티클(Exocuticle), 엔도큐티클(Endocuticle)의 3층으로 이루어져 있다.
- 3층의 얇은 막은 서로 겹쳐져 기왓장 모양을 하고 있다.
- 멜라닌 색소가 없어 투명하여, 모발의 약 15%를 차지한다.
- 발수성이고 친유성으로 모발을 보호하는 기능을 가진다.
- 물리적인 마찰에 약하다.

| 명칭 | 구조와 기능 |
| --- | --- |
| 에피큐티클<br>(Epicuticle) | 30% 이상의 높은 시스틴을 함유하고 있어 약품에 대한 저항이 가장 강한 층으로 딱딱하기 때문에 물리적인 작용에 약하다. |
| 엑소큐티클<br>(Exocuticle) | 시스틴 함량이 많으나 펌제와 같은 시스틴 결합을 끊는 약품에는 약하다.<br>단백질 용해성 약품에 대한 저항성이 강하다. |
| 엔도큐티클<br>(Endocuticle) | 시스틴 함량이 적고 단백질 용해성 약품에 약하다.<br>모발을 잡아당기면 엔도큐티클이 갈라지거나 파열된다. |

[표 2-1] 모표피의 구조와 기능

② **모피질**(Cortex)

- 모표피와 모수질 사이에 존재하며 모발의 85~90%를 차지한다.
- 피질세포와 피질세포 사이사이를 채우고 있는 간충물질로 구성된다.
- 이 간충물질이 유실되면 건조한 모발이나 다공성 모발이 되기 쉽다.
- 멜라닌 색소를 함유하고 있어 모발의 색을 좌우한다.
- 친수성이며 펌제나 염모제 등 화약약품의 작용을 받기 쉬운 부분이다.

**＊ 간충물질 CMC(세포막 복합체)의 구성과 기능**
- 모발 전체의 50%를 차지하며 시스틴 아미노산의 함유량이 많다.
- 간충물질의 성분은 C-케라틴, 폴리펩타이드, 천연 보습인자 등으로 구성된다.
- 접착제 역할, 즉 모발 내에서 시멘트 역할을 한다. CMC가 없다면 각 층이 분리되어 모발이 부스러진다.
- 모표피와 모표피, 모표피와 모피질, 모피질과 모피질 등에 존재하는 유동체로 모발을 유연하게 하며, 외부로부터 이물질 침입에 의한 모발 손상을 막아준다.

③ **모수질**(Medulla)

- 모발의 중심부에 있으며, 크고 작은 공포가 있어 속이 빈 벌집모양의 세포들이 모발의 길이 방향으로 쌓여 있다.
- 소량의 멜라닌 색소가 존재한다.
- 모수질은 모발직경이 굵은 모발에 있고 가는 모발, 연모에는 존재하지 않는다.
- 동물이 경우 모수질 층이 두꺼워 보온기능을 갖는다.

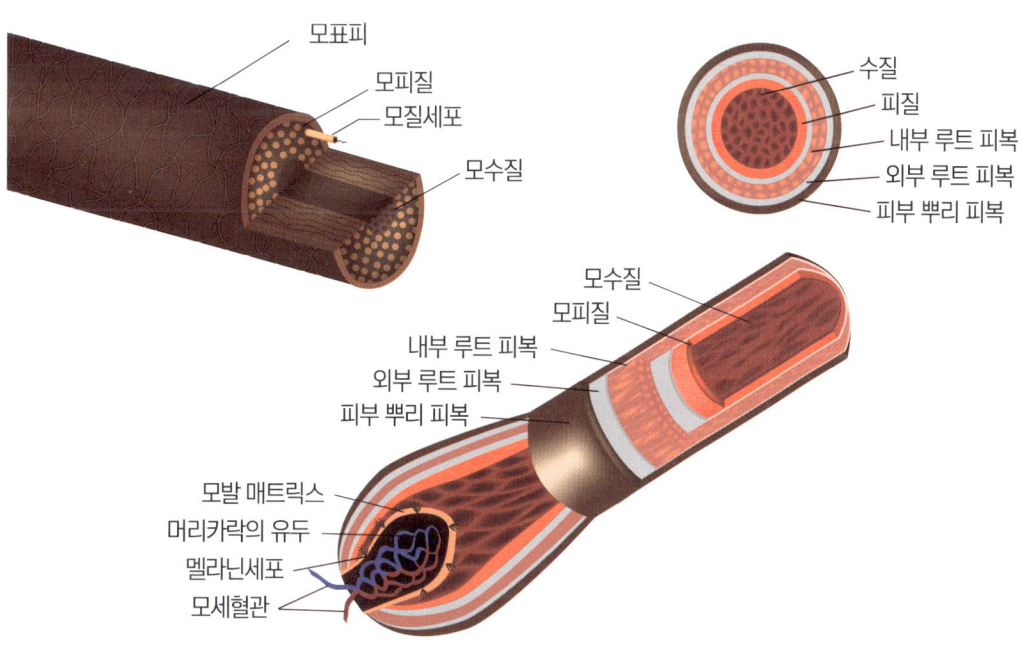

[그림 2-5] 모발의 미세구조

## 4) 모발의 기능

### (1) 보호 기능

피부의 자극으로부터 피부를 보호하며, 이물질의 체내 침투를 막아준다.

### (2) 배출 기능

체내 중금속과 피지선에서 분비된 피지의 분비를 돕는다.

### (3) 감각 기능

모발 자체에는 신경이 없지만 모근에 연결된 신경이 외부 자극을 감지하여 반응한다.

### (4) 장식 기능

수염이나 헤어스타일을 가다듬어 아름다움을 표현하고, 경우에 따라 신분이나 계급, 부유함을 나타내기도 한다.

## 5) 모발의 종류

### (1) 모발의 굵기에 따른 종류

① 경모

0.15~0.20㎜ 정도로 굵고 길며, 머리카락, 눈썹, 속눈썹, 수염, 겨드랑이를 구성하고 있는 털이다.

② 연모

0.08㎜ 이하의 굵기의 털로 솜털 같은 것으로 손바닥, 발바닥, 입술을 제외한 피부의 대부분을 덮고 있는 섬세한 털이다.

③ 취모

배냇머리라고도 하며 태아에 존재하는 섬세하고 부드러운 엷은 색의 털로써 출생 무렵 탈락되고 연모로 대치된다.

## (2) 모발의 형태에 따른 분류

① **직모**(Straight hair)

- 모경지수가 75~85 정도로 모발의 단면이 원형에 가깝고 모낭의 모양도 곧다.
- 동양인에게 많은 형태이다.

② **파상모**(Wavy hair)

- 모발의 단면이 타원형에 가까우며 모낭이 피부표면으로부터 비스듬히 누워있다.
- 백인종에게서 많이 볼 수 있다.

③ **축모**(Curly hair)

- 모경지수가 50 정도로 모발의 단면이 납작하며 모낭이 피부표면으로부터 굽어져 있다.

> **\* 모경지수**
> - 모발 횡단면의 최소직경을 최대직경으로 나눈 값에 100을 곱한 것
> - 모경지수가 100이면 원형에 가깝고 100에서 멀어질수록 타원형이 된다.
> - 모경지수가 클수록 직모에 가깝고, 작을수록 축모에 가깝다.
>
> $$모경지수 = \frac{모발의\ 최소직경}{모발의\ 최대직경} \times 100$$

## 6) 모발의 구성 성분

- 모발은 탄소(45.2%), 산소(27.9%). 질소(15.1%), 수소(6.6%), 황(5.2%) 등의 원소로 케라틴을 이루고 있다.
- 이외에 수분 10~15%, 지질 1~8%, 멜라닌 색소 3% 이하, 미량원소 0.6~1.0%로 이루어져 있다.

### (1) 단백질과 아미노산

- 모발의 80~90%는 케라틴 단백질로 50여개 이상의 아미노산이 모여서 단백질을 구성한다.
- 케라틴은 물리적인 강도가 강하고 탄력이 있을 뿐만 아니라 화학약품에 대한 저항력도 강한 편이다.
- 모발은 18종의 아미노산으로 구성되어 있으며 특히 시스틴을 많이 함유하고 있다.
- 피부는 주로 콜라겐 단백질, 모발과 손, 발톱, 피부각질 등은 케라틴 단백질로 이루어져 서로 다른 단백질 구조를 가지고 있다.

### (2) 시스틴 아미노산

- 시스틴은 모발 중에 함유된 아미노산 중에서 가장 많은 비율을 차지한다(16%).

## 7) 모발의 성장주기

인체의 전신에는 약 100만 개 이상의 털이 존재하며, 털의 위치(눈썹, 체모, 모발 등)에 따라 성장에 차이가 있다. 이 중에서 머리카락은 10만 개 정도이며 일정한 기간 성장을 하다 잠시 동안 멈춘 뒤 빠지게 되는데 이것을 모발의 성장주기라 하며 일생동안 23~25회 반복한다.

### (1) 발생기

모모세포가 세포분열을 시작하여 새로운 모발을 발생시키는 시기이다.

### (2) 성장기

모발을 잘 자라게 하는 시기로 기간은 3~6년이고 전체 모발의 80~90%를 차지한다.

### (3) 퇴화기

모유두가 모구부에서 분리되어 대사 과정이 느려지는 시기로 기간은 3~4주로 전체 모발의 1~2%를 차지한다.

### (4) 휴지기

모낭에서 모유두가 완전히 분리되어 모낭이 쪼그라들고 모근이 위쪽으로 밀려 올라가 모발이 빠지는 시기이다. 기간은 3~4개월이고 전체 모발의 10%를 차지한다.

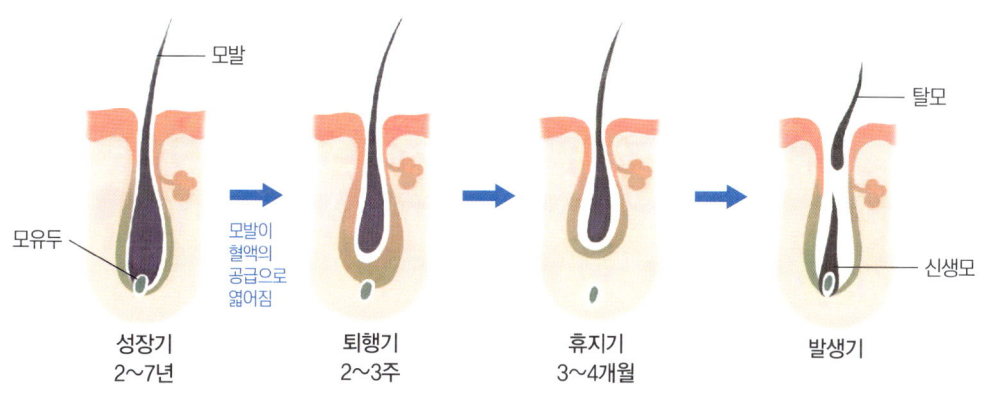

[그림 2-6] 모발의 성장주기

- 모발이 자라는 속도는 인종과 남녀에 따라 다르고 심지어 몸의 부위에 따라서 다르다.

- 머리카락의 경우 하루에 0.35mm, 수염은 0.38mm, 겨드랑이 털은 0.3mm, 음모는 0.2mm, 그리고 눈썹은 0.18mm 씩 자란다.

- 한국인의 경우 평균적으로 머리카락은 하루에 0.35mm, 한 달에 1cm, 1년에 12cm, 그리고 모주기가 끝나는 3~4년 후에는 이론적으로 40~50cm까지 길 수 있다.

- 그러나 대머리의 경우에는 대머리가 진행됨 따라 모주기가 점차 짧아지기 때문에 머리카락의 길이도 짧고 하루에 빠지는 수도 많아진다. 즉 대머리가 진행되지 않는 후두부의 머리카락에 비해 대머리가 진행되는 전두부의 머리카락은 짧으며 많이 빠진다.

## 8) 모발의 성질

### (1) 물리적 특성

#### ① 흡수성

- 모발이 수증기나 수분을 흡수하는 성질을 말하며 이는 케라틴 단백질의 친수성 성질 때문이며 주위 환경의 습도에 따라 모발의 수분함유량이 달라진다.
- 건강한 모발의 수분함량은 11~13% 정도이며, 샴푸 후에는 30%까지 증가한다.

#### ② 다공성

- 다공성은 모발 내부에 존재하는 공기층이 수분과 제품의 흡수 정도를 말한다.
- 다공성은 사람마다 다양하며 큐티클이 손상되었거나 열려 있을 때 증가한다.
- 다공성 모발은 큐티클층이 열려 있고 모발 기둥으로부터 돌출되어 있다.
- 다공성 모발은 제품이나 수분이 빠르게 흡수되므로 더 빠른 화학적 반응을 가져온다.

#### ③ 탄력성

- 탄력성은 물체의 외부에서 일정한 힘을 가했을 때 물체의 내부에서 물체 본래의 모습으로 돌아가려는 성질을 말한다.
- 모발의 탄성은 케라틴 단백질의 구조적 특성으로 인해 생기는 현상이며 모발이 젖었을 때 증가한다.
- 모발의 신장은 습도의 영향을 받는다. 마른 모발은 20~30%, 젖은 모발은 50~60%까지 늘어날 수 있다.

#### ④ 대전성

- 대전성은 모발에 빗질을 하면 마찰에 의해 전기가 발생하여 모발은 +로, 빗은 -로 대전해 +의 전기를 가진 모발끼리는 서로 반발하고 +전기를 가진 모발과 -전기를 가진 빗은 끌어당기는 현상을 말한다.

⑤ 고착력

- 1가닥의 머리카락을 두피(모근)로부터 뽑아내는 데 필요한 힘을 말한다.
- 모발은 모구가 모공벽과 밀착되어 있어서 쉽게 빠지지 않는다. 성장기 상태의 모발을 한 올 뽑는데 드는 힘은 50~80g 정도이며 휴지기 모발은 20g 정도이다.
- 전체 10만 개의 모발 수를 동시에 뽑는다면 약 5톤의 힘이 필요하다.

⑥ 팽윤성

- 모발을 물에 담가두면 길이 1~2%, 직경 15%, 무게 30% 정도 증가하는 성질을 말한다.
- 길이의 변화보다는 직경의 변화가 더 크다.

⑦ 인장강도

- 모발을 잡아당겨 끊어질 때까지 견디는 힘을 말한다.
- 정상모일 경우 약 150g, 손상모일 경우 100g 이하이다.
- 인장강도에 영향을 주는 요소는 모발의 직경, 손상정도, 영양상태, 수분함량 정도 등이 있다.

## (2) 화학적 특성

① 모발과 pH

| | |
|---|---|
| 산 | 모발은 산에 강한 저항력을 지니고, 모발 단백질은 산에서는 수축성을 나타내고 모발에 산을 처리하면 모표피가 닫혀진다. |
| 알칼리 | 모발의 등전점은 pH 4.5~5.5이며 등전점에서 멀어지면 멀어질수록 아미노산의 결합이 약해진다. 모발에 알칼리제를 처리하면 모발도 약해진다. |

② 모발의 결합

- 모발의 기본 구조를 살펴보면 옷감을 짜놓은 것 같이 긴 세 가닥의 케라틴 단백질이 결합하여 단단하게 꼬여 있다.
- 세로의 결합은 모두 폴리펩티드끼리의 결합으로 이루어져 있으며 이것을 주쇄결합이라 하고, 주사슬마다 가지고 있는 곁사슬끼리의 가로 결합을 측쇄결합이라 한다.

| 주쇄결합 | | 수백, 수천 개의 아미노산이 모여서 폴리펩티드 결합을 이루고 있으며 측쇄결합에 비하여 결합력이 강하기 때문에 모발이 가로보다 세로로 더 쉽게 끊어진다. |
|---|---|---|
| 측쇄결합 | 시스틴 결합 | · 황을 함유하고 있는 아미노산인 시스테인 2개가 황을 사이로 결합한 상태 (S-S)<br>· 세로결합 가운데 가장 강하며 기계적인 힘으로는 끊어지지 않지만 환원제에 의하여 쉽게 절단된다. |
| | 염결합 | · 아미노기는 음이온, 카르복실기는 양이온으로 작용하기 때문에 이들이 이온적으로 결합해 양쪽의 전위차가 없을 때 가장 강하게 결합한다. 즉 모발은 등전대일 때 염결합이 강하고 강산이나 알칼리 상태에서는 결합이 약해진다. |
| | 펩티드 결합 | · 상당히 강한 결합이지만 모발의 세로결합 중에 존재하는 수가 적다.<br>· 단백질을 분해하는 정도의 강한 산화제를 사용하지 않으면 절단할 수 없다. |
| | 수소결합 | · 산소와 수소의 결합으로 결합력은 약하고 물에 의해서도 간단히 절단된다. |

[표 2-2] 주쇄결합과 측쇄결합

## chapter 3
# 피부질환

## 1 피부질환

### 1) 열(한냉, 온냉)에 의한 피부질환

#### ① 화상
- 열에 의한 피부손상을 의미하며 심할 경우에는 피부뿐만 아니라 하부조직까지 파괴된다.
- 온도, 노출시간, 열의 종류 및 피부의 두께에 따라 개인적 차이가 있다.
- 보통 44℃부터 화상을 입을 수 있다.

#### ② 동상
- 귀, 코, 볼, 손가락, 발가락 등이 연부 조직에 자주 발생하며 조직이 얼게 되면 창백하고 통증도 못 느낀다.
- 다시 따뜻하게 해주면 조직손상의 정도에 따라 증상이 다르다.
- 한·냉 상태에서 말초혈류장애에 의한 피부와 피하조직의 이상

### 2) 기계적 손상에 의한 질환

#### ① 굳은살
- 각질층이 두터워지는 형상으로 통증이 없고 압박을 제거하면 저절로 없어진다.

#### ② 티눈
- 발가락이나 발바닥에 신발의 계속적인 압박 등에 의하여 생기는 각질층의 증식 현상이다.
- 기저부가 피부표면이고 첨단부가 피부 안쪽으로 향한 원추형의 국한성 비후증이다.

#### ③ 욕창
- 지속적으로 일정하게 압박을 받는 부위에 발생하는 궤양이다.
- 움직이지 못하는 사람에게 생긴다.

## 3) 이물질 반응

### ① 문신
- 영구적으로 불용성 색소를 진피층에 유입시켜 글이나 그림을 그려 넣은 것이다.
- 증상으로 광과민성 질환이나 여러 가지 결절, 악성림프종, 켈로이드 등이 보고되고 있다.

### ② 파라핀종
- 파라핀의 주입은 주름살을 없애거나 유방확대에 쓰이기는 했지만 부작용이 있다.

### ③ 실리콘 육아종
- 액체 실리콘은 주름살을 피거나 반흔을 교정할 때, 위축되거나 패인 피부의 재건에 사용되었는데 액체 실리콘의 막이 손상되면 섬유화 결절이 생길 수 있다.

## 4) 습진

### ① 접촉성 피부염
- 주부습진과 유아습진이 있다.
- 벨록크 피부염, 해수욕 후 생기는 피부 이상, 화장품에 의한 피부염이다.

### ② 알레르기성 접촉피부염
- 특정 성분에 의한 비정상적인 민감 반응을 일으키는 피부질환으로서 접촉하면 그 물질에 대해 방어하기 위한 항체를 만들어낸다.
- 개체의 감수성 전도에 따라 개인차가 있으며 과민반응을 보이는데 이것을 알레르기 반응이라 한다.
- 식물, 화장품, 머리염색약, 금속, 고무제품 등이 원인이 된다.

## 5) 접촉성 두드러기 증후군

### ① 아토피성 피부염

- 만성습진의 일종으로 어린아이에게 흔히 발생한다.
- 유전적 경향(부모 중 한쪽이 아토피성 피부이면 자식이 50%, 양부모 모두가 아토피성 피부이면 자식이 70% 유전됨)
- 알레르기설, 면역학설, 환경요인설 등 여러 가지 설이 있다.
- 천식이나 알레르기성 비염(100명 중 80명에게 나타남)과 동반되며 피부가 건조하기 쉬운 가을, 겨울에 발생빈도가 높다.
- 주요증상은 피부가 건조해지면서 가려움증이 동반된다.

### ② 지루성 피부염

- 유전, 호르몬의 영향, 영양실조 및 정신적 긴장에서 오는 피지 분비의 과다 현상이 원인이 된다.

### ③ 건성습진

- 연령이 많아지면서 피부의 수분과 유분이 적어지며 피부는 건조하게 된다.

## 6) 감염성 질환

- **세균성 피부질환**: 농가진, 봉소염
- **바이러스성 피부질환**: 대상포진, 단순포진, 사마귀
- **진균에 의한 질환**: 족부백선, 두부백선, 완선, 칸디다증, 무좀

## 7) 색소성 질환

- 청색 모반
- 오타씨 모반

## 8) 저색소 침착증

- 멜라닌 세포가 선천적으로 없거나 후천적으로 파괴과정을 통하여 질환을 유발하거나 멜라닌을 합성할 수 없거나 각질 형성세포로 멜라닌들 이동할 수 없는 경우이다.

### ① 백반증

- 경계가 명료한 완정 색소 실조성 반이며 후천성 저색소 침착질환이다.

### ② 모반

- 선천성 미 유전성이 백반의 형태는 불규CLR하고 병변의 크기는 변하지 않는다.

## 9) 안검주위의 질환

### ① 비립종

- 표피의 유핵층에 형성되는 모래알 크기의 각질세포로서 직경 1~4mm의 백색구진의 형태로 눈 주위에 잘 발생한다. 피지선과 한선에 주로 생성되며 양파처럼 층층이 쌓여있다.

### ② 안검 황색종(한관종)

- 일반적으로 물 사마귀라 부른다. 주로 30~40대 여성들의 눈 가장자리 부위에 우선적으로 잘 생기는 보기 흉한 대표적인 피부 질환이다.
- 심하면 광대뼈 부위까지 확산되어 퍼진다.

## 10) 결합조직, 피하지방조직의 질환

- **섬유종** : 쥐젖이라고도 하며 노화증상이다.
- **지방종** : 양성종양으로 목과 겨드랑이에 잘 생긴다.
- **해족증** : 유전이나 결합조직의 증대 및 경직 혹은 상처의 후유증으로 생긴다.
- **화염성 모반** : 진피의 유두층에 혈관의 확장으로 인하여 생성되고 적색부터 암적색을 띠며 작은 부위에서 큰 부위까지 다양하게 자리 잡을 수 있다. 출생 때부터 이미 나타난다.
- **매상 혈관종** : 모세혈관의 흐름이 막혀 붉은 혈색을 갖는 것이다.
- **섬망성 혈관종** : 거미줄 모양의 피부 위로 약간 돌출된 작은 빨간 점이다.

# chapter 4
# 소독과 위생

## ❶ 소독의 정의 및 분류

### 1) 소독의 정의 및 분류

소독(Disinfection)이란 병원 미생물이 감염되지 않도록 생존환경을 파괴시켜 세균의 증식을 없애는 조작방법이다.

#### (1) 멸균

대상으로 하는 물체의 표면 또는 그 내부에 분포하는 모든 세균을 완전히 죽이는 것, 즉 무균상태로 만드는 조작을 의미한다.

#### (2) 소독

대상으로 하는 물체의 표면 또는 그 내부에 있는 병원균을 죽여 전파력 또는 감염력을 없애는 것, 즉 안전한 상태로 하는 조작을 의미한다. 따라서 멸균은 소독의 가장 안전한 형태라 볼 수 있다.

#### (3) 살균

유해한 세균을 죽이는 것

#### (4) 방부

미생물의 발육증식을 억제하는 것

## 2) 소독에 필요한 조건

### (1) 물리적 인자

① **열** : 건열과 습열, 수분 : 건열에 비해 습열이 살균효과가 좋다.

② **자외선** : 무영조사, 부착물 제거

### (2) 화학적 인자

① 물

소독약은 먼저 물에 젖어 있는 균제와 접촉하고 균막을 통하여 균체에 용해되어 들어가 단백질을 변성시킨다. 엄밀히 말해서 소독약은 물에 용해되는 성질만이 아니라 균체에 침입하는 성질, 즉 기름에 용해되는 성질도 필요하므로 이 두 가지를 다 갖추어야 한다.

② 온도

소독약의 살균작용이 화학반응이며, 일반적인 반응속도는 온도상승과 함께 빨라지며, 균체 내에 확산되어 침입하는 속도도 빨라진다. 따라서 살균력도 증가된다.

③ 농도

화학적 소독법의 경우에는 약물의 작용농도가 중요한 역할을 한다. 일반적으로 약물농도가 높으면 소독력이 강하게 되나, 동시에 부작용도 심하게 된다.

④ 시간

물리적 소독법과 화학적 소독법의 어느 경우에도 일정 이상의 작용시간이 필요하며, 안정성으로도 되도록 긴 시간을 작용시키는 방법이 좋다.

## 2 미생물 총론

### 1) 미생물의 종류와 특성

#### (1) 정의

미생물은 불리한 환경조건에서도 이겨낼 수 있는 저항력을 가짐으로서 생존하게 된다. 미생물은 육안으로는 보이지 않지만 현미경으로 확대함으로써 관찰되는 미세한 0.1㎜ 이하의 미세한 생물체를 총칭한다.

#### (2) 종류

① 원충류(Procozoa)

원충(Protozoa)은 운동성을 가진 단세포동물(Single-celled animal)이다.

② 진균(Fungi)

진균류는 형태에 의해 곰팡이 효모, 버섯으로 나누어지며 주로 생식방식에 근거를 두고 분류된다.

③ 리케차(Rikettisae)

바이러스와 마찬가지로 살아있는 세포내에서만 증식이 가능한 특징을 가지고 있다. 주로 절지동물이 사람의 혈액을 흡혈할 때 인체 내로 감염된다.

④ 바이러스(Virus)

바이러스는 그 크기가 세균보다 작아 세균여과기의 구멍을 통과하므로 세균여과기는 바이러스를 제거하기가 어렵다. 바이러스의 가장 큰 특징은 독립적인 대사기능이 없기 때문에 생세포 내에서만 증식이 가능한 것이며, 자가 증식을 하는 특성이 있다. 그러나 바이러스는 항생제 등의 약물을 먹어도 효과가 없으므로 예방접종을 하거나 감염원을 피하여 예방하는 것이 최선의 방법이다.

⑤ 박테리아(Bacteria)

어느 곳에서나 발견되는 단세포 미생물로, 특히 먼지, 쓰레기더미나 병에 걸린 조직에 무수히 많다. 박테리아는 외부는 얇은 세포막과 내부는 원형질로 이루어져 있다. 주위환경으로부터 스스로의 영양분을 만들고, 매우 빠르게 번식한다. 영양분을 흡수하게 되면 옆으로 성장한다. 성장이 제한될 때 박테리아는 두 개의 딸세포를 형성하여 하루 동안 약 3천 2백만 개 정도의 세균으로 번식한다.

*Tip
- 병원성 미생물 : 체내에 미생물이 침입하여 병적반응을 일으키는 미생물
- 비병원성 미생물 : 병원균이 침입하여도 반응이 없는 미생물
- 유용성 미생물 : 술, 간장, 된장, 기타 발효식품등에 이용되는 젖산균, 유산균, 효모균, 곰팡이 균 등의 발효균

## 2) 미생물의 증식환경

### (1) 영양원

최상의 조건에서 미생물을 발육시키기 위해서는 에너지원으로 필요로 하는데 이를 영양원이라 한다. 대부분의 병원성 세균은 화학영양성과 기생 영양성으로, 화학영양성은 화학반응에너지를 이용하는 세균이며 기생 영양성 세균은 자체에너지 생상능력이 없어 숙주세포의 에너지를 이용하는 세균들이다.

### (2) 수분

세균의 80~90%를 구성하고 있는 것은 수분이며 대부분의 미생물은 상대습도가 낮은 건조 상태에서는 생장 할 수 없다.

### (3) 온도

미생물이 생장할 수 있는 최고온도는 사멸을 초래하고, 최저온도는 신진대사를 멈춘 휴면상태를 일으키는데 미생물의 종류에 따라 발육에 적합한 온도가 매우 다르다. 최적온도에 따라 저온(16~20℃)에서 가장 발육이 잘 되는 저온성균, 중온(30~40℃)에서 가장 발육이 잘되는 중온성균, 고온(50~60℃)에서 가장 왕성하게 발육을 하는 고온성 균이 있다.

### (4) pH

일반적으로 세균은 pH 6~8 사이에서 최적의 발육을 보이는데 대부분 병원성 세균들은 pH 5 이하의 산성과 pH 8.5 이상의 알칼리에서 파괴되며 중성에서 잘 자란다.

### (5) 산소

세균의 생장에 중요하게 작용하는 요소는 산소의 존재인데 산소 요구량에 따라 호기성균, 혐기성균, 통성혐기 성균으로 구분된다.

## ❸ 소독 방법

### 1) 물리적 소독법

> **＊Tip**
> - 건열에 의한 방법 : 화염멸균법, 건열멸균법, 소각법
> - 습열에 의한 방법 : 자비소독법, 고압증기멸균법, 유통증기소독법, 간헐멸균법, 저온소독법
> - 열을 이용하지 않는 방법 : 자외선소독법, 세균여과법, 일광소독

**(1) 화염멸균법**

알코올버너나 램프를 사용하여 소독하고자 하는 물품을 직접 불꽃에 20초 이상 가열하여 표면에 부착된 미생물을 멸균시키는 방법이다. 유리제품과 금속제품 등 불연성 물질의 멸균에 적합하다.

**(2) 건열멸균법**

건열멸균기 속에 소독하고자 하는 물품을 넣어 160~170℃에서 1~2시간 가열하면 미생물은 완전 멸균된다. 건열멸균법은 유리제품이나 주사기 등에 적합하나, 종이나 천은 바래거나 변색되므로 적합하지 않다.

**(3) 소각소독법**

재생이 불가능한 물건이나 죽은 동물, 환자의 분뇨 등을 소각하는 소독법이다.

**(4) 자비소독법**

어디에서나 비교적 간단히 사용할 수 있고 비등 후 15~20분간 처리하는 방법인데 100℃를 넘지 못하기 때문에 영양형균이나 바이러스는 사멸되나 열에 강한 포자형균은 사멸되지 않는다. 식기, 주사기, 의류, 도자기 소독에 적합하며 탄산나트륨 1~2%나 크레졸 1~2%를 첨가하면 살균작용이 강해지고 금속의 부식도 방지된다.

### (5) 고압증기 멸균법

고압증기멸균기를 사용하여 아포를 포함한 모든 미생물을 완전히 멸균하는 가장 좋은 소독방법으로, 다음과 같은 조건하에서 한다.

- 10파운드 115.5℃에서 30분간
- 15파운드 121.5℃에서 20분간
- 20파운드 126.5℃에서 15분간

주로 기구, 의류, 고무제품, 거즈, 약액 등의 멸균에 이용된다.

### (6) 유통증기소독법

아놀드 증기솥이나 코흐 증기솥을 사용하여 100℃의 유통증기를 30~60분 작용시키는 방법으로 고압증기멸균법으로는 적당치 않은 경우에 이용된다.

### (7) 간헐멸균법

유통증기소독법으로는 멸균이 되지 않으므로 멸균을 위해서 실시하는 방법이다. 100℃의 유통증기를 15~30분간씩 24시간 간격으로 3회 가열하며, 그 사이의 쉬는 시간에는 실내온도를 20℃ 정도로 유지한다. 1회의 멸균에서 증식형 세포는 사멸되고, 사멸되지 않는 아포는 2회를 실시할 때까지 방치되어 있는 동안 저항력이 약해져 증식형으로 발육되어 다음 멸균에서 사멸된다.

### (8) 저온소독법

프랑스의 세균면역학자인 파스퇴르에 의해서 고안되었다. 세균의 감염방지를 위해서 감수성이 있는 우유와 같은 식품의 소독에 이용된다. 우유 중의 결핵균은 완전 사멸되나 대장균은 완전히 사멸되지 않는다.

### (9) 자외선 멸균법

자외선 멸균법은 자외선등에 포함되어 있는 2400~2800Å의 파장을 지닌 자외선의 강한 조사에 의해 멸균하는 방법이다. 이·미용소에서는 자외선 소독기에 응용되고 있으며 소독기 내에 넣고 20분 이상 조사하면 멸균된다. 자외선 소독은 증기소독이나 자비소독으로 불가능한 경우에 이용되는데 플라스틱제의 브러시나 빗 소독에 이용된다.

### (10) 세균여과법

세균여과법이란 특수한 약품이나 혈청 등과 같이 가열할 수 없는 것을 세균여과기를 통해서 세균을 제거하는 방법이다.

### (11) 일광소독

일광자외선은 인체의 신진대사를 촉진하고 생활기능을 향상시키는 작용을 한다. 건강선 또는 도르노선이라 하는 290~320㎚ 파장의 자외선은 인체 발육을 촉진시키는 비타민D의 생성을 도와 곱사병의 예방작용을 한다.

## 2) 소독약의 구비조건

① 살균력이 강하고 무해하며
② 취급하는 방법이 간단해야 하고
③ 소독대상물을 손상시키지 않아야 하며
④ 생산이 용이하고 값이 싸야 하며, 냄새가 없어야 한다.

## 3) 화학적 소독법

> **✻ Tip**
> - 소독력을 갖고 있는 약제를 써서 세균을 죽이는 방법이며, 여기에는 액체를 사용하는 경우와 기체를 사용하는 경우가 있다. 물리적 소독법은 완전하지만, 대상물에 따라 실시할 수 없는 것이 있다.
> - 용액(희석액)
>   × 100 = %
>   × 1,000 = ‰
>   × 1,000,000 = PPM

### (1) 석탄산(페놀)

① 사용농도는 3% 수용액

② 단점 : 피부점막에 자극성과 마비성, 금속부식성, 바이러스, 아포에 효력이 적다

③ 장점 : 살균력이 안정성이 있어서 오래두어도 화학변화가 되지 않는다.

④ 석탄산 계수 : 소독약의 살균력을 비교하는 양적 표시이다. 순수하고 성상이 안정된 석탄산을 표준으로, 어떤 일정한 균주를 5~10분 내에 살균할 수 있는 석탄산의 희석배수와 시험하려는 소독약의 희석배율을 비교하는 방법이다.

⑤ 석탄산 계수 = 특정소독약의 희석배수 / 석탄산의 희석배수

### (2) 크레졸 비누액

① 물에 잘 녹지 않는 난용성으로 크레졸 비누액 3에 물 97의 비율로 크레졸 비누액을 만들어 사용한다.

② 소독력이 강해서 석탄산의 2배의 소독작용이 있으며 수지, 피부 등의 소독에 사용한다. 크레졸은 바이러스 소독 효과가 적으나 세균소독에는 효과가 크다.

### (3) 포름알데히드와 포르말린

① 포름알데히드는 메틸알코올(메탄올)을 산화시켜 만든 가스체로서 자극성이 강한 냄새가 있고, 물에 잘 용해된다.

② 강한 환원력이 있고 낮은 농도에서 살균작용이 있다.

③ 메틸알코올을 사용한 간단한 발생기가 있으며 밀폐된 실내나 특별하게 만든 상자 속에서 발생시켜 그 내부에 있는 물건을 소독하는 데 쓰인다.

④ 포르말린은 포름알데히드가 37% 이상 포함된 수용액으로 높은 희석농도에서 단백질에 작용하고, 회복할 수 없을 정도의 강한 살균력을 가지며, 아포에 대해서도 강한 살균효과가 있다.

### (4) 승홍수(염화제2수은 $HgCl_2$)

① 물에 잘 녹지 않는 무색, 무취의 독성이 강하며 금속을 부식시키므로 용기는 플라스틱을 사용하며, 약액은 푸크신 등으로 염색해서 구별해야 한다.

② 살균력이 강하나 약액도가 높을수록 더 강하며, 피부소독에는 0.1~0.5% 수용액을 사용하며, 대장균. 포도상구균을 5~10분에 사멸시킨다. 점막에 자극성이 강하나 고무제품, 금속제품 등의 소독에는 사용할 수 없다.

### (5) 알코올제

① 50% 이하의 농도에서는 소독력이 약하고 소독용 알코올은 주로 70% 에탄올과 30~50% 이소프로판올을 사용하며 순수 알코올은 소독약으로서의 효과가 없다.

② 주로 수지·피부·기구 등의 소독에 사용되며 사용법이 간편하고 거의 독성이 없다. 알코올은 증발이 빠르고 무포자균에 효과적이나 아포형성균에는 효과가 없다.

### (6) 역성비누액

① 역성비누는 무색 또는 엷은 황색을 띤 물과 같이 투명한 액으로 쓴맛이 나며 냄새와 독성이 없다.

② 일반적으로 0.05~0.25%의 수용액을 만들어 사용한다.

③ 무색·무취·무자극이므로 수지·기구·용기소독에 적당하며 이·미용에서도 널리 사용하고 있다. 세정력도 강하지 않으며 결핵균에 효력이 없다.

### (7) 염소제 (염소, 표백분, 차아염소산나트륨, 염소 유기화합물)

① 할로겐 원소에는 불소, 염소, 옥소 등이 속한다.

② 표백분은 물속에서 발생기 염소를 내어 살균작용을 한다. 음료수나 수영장 소독에 쓰인다.

③ 차아염소산나트륨 은 용액 중에서 발생하는 염소 원소에 의해 살균작용을 한다.

④ 분해되기 쉬운 결점이 있으나 최근에는 안정제를 첨가해서 살균제로 사용하고 있다.

### (8) 요오드제

① 염소제와 똑같이 살균력이 강하나 짙은 농도에서도 피부 점막에 대한 부작용은 약하다. ② 수지·기구 등의 소독에는 약 100배 용액을 사용한다.

③ 단점 : 금속을 부식시키고 과민성인 피부는 거칠어진다.

### (9) 생석회

① 생석회 양의 반 정도의 물을 가해서 진흙과 같은 상태로 만들거나 석회유로 된 5배 수용액을 만들어 사용한다.

② 물이나 습기 찬 장소를 소독할 때는 가루를 직접 그곳에 뿌리는 것이 좋다.

### (10) 과산화수소(옥시풀과 과망간산칼륨)

① 산화제 소독약은 설퍼하이드릴기를 산화시킴으로써 세포대사를 중단시키는 약제들이다.

② 과산화수소는 2.5~3.5% 수용액을 소독에 사용되며, 색이 없고 투명하며 냄새가 없으나 때로는 오존과 냄새가 나는 액체로 병원체를 산화시켜 살균한다.

③ 구내염소독에 사용한다.

### (11) 머큐로크롬액

① 흔히 빨간약이라고 하는 것이며, 머큐로크롬액의 2% 수용액으로서, 상처 소독 시 그대로 사용해도 좋다.

② 화학적으로 유기수은화합물에 속하는 자극이 없는 순한 살균제이나 때로 과민성인 사람은 주의해야 한다.

③ 세균 발육의 억제작용은 비교적 오래 지속된다.

> **＊ Tip**
> - 고압증기멸균법
>   - 10파운드 115.5℃ - 30분
>   - 15파운드 121.5℃ - 20분
>   - 20파운드 126.5℃ - 15분
> - 금속부식: 승홍, 석탄산, 요오드제, 염소
> - 구내염소독: 과산화수소
> - 피부소독: 승홍 0.1 %
> - 석탄산, 크레졸 농도: 3%

## 4 분야별 위생소독

### 1) 대상물에 따른 소독법

#### (1) 대소변, 배설물, 토사물

완전 소독방법은 소각법이며 약품으로서는 석탄산수, 크레졸수, 생석회, 분말 등을 사용

#### (2) 의복, 침구류, 모직물

일광소독, 증기소독, 자비소독을 하거나 크레졸수 석탄산수에 2시간 정도 담금

#### (3) 초자기구, 목죽제품, 도자기류

석탄산수, 크레졸수, 승홍수, 포르말린수에 담그거나 뿌리며 열에 강한 것은 증기소독 및 자비소독을 함

#### (4) 고무제품, 피혁제품, 모피, 칠기

포름알데히드 가스소독, 소독용 에탄올, 역성비누액을 사용

#### (5) 변소, 쓰레기통, 하수구

분변에는 생석회를, 변기 또는 변소 안에는 석탄산수, 크레졸수, 포르말린수를 뿌리고, 쓰레기 및 쓰레기통은 석회유, 크롬, 석탄신수를 하수구에는 생석회, 식회유 등을 사용

#### (6) 병실

석탄산수, 크레졸수, 포르말린수를 뿌리거나 닦음

#### (7) 환자 및 환자 접촉자

손은 1~2% 석탄산수, 1~2% 크레졸수, 승홍수, 역성비눗물을 사용하고 몸은 세척시킴

#### (8) 시체

석탄산수, 크레졸수, 승홍수를 뿌리고 관내는 석회로 메움

## 2) 전염병 종류에 따른 소독 대상물

### (1) 장티푸스, 파라티푸스, 콜레라, 이질

경구전염으로 소화기계 전염병이기 때문에 환자의 분뇨, 토사물, 잔여 음식물, 식기, 변소 등이 문제가 되며, 환자의 의류, 침구, 오물, 쓰레기통, 하수구 등을 소독해야 한다.

### (2) 천연두, 성홍열

환자의 콧물, 객담, 농즙, 오염기구, 의류, 침구, 운반기구, 환자의 음식기구, 침실의 방바닥, 간호인, 접촉자의 신체 및 의류 등에 소독을 실시한다.

### (3) 디프테리아

유행성 뇌척수막염 - 환자의 콧물·객담과 이들의 오염된 기구 및 환자가 사용한 식기, 서적, 완구, 침구, 병실 내의 방바닥 기타 물건 및 간호인의 의류, 신체 등에 소독을 실시한다.

### (4) 폴리오

폴리오는 이질의 소독에 준하나 발병 초에는 디프테리아의 소독에 준한다.

# PART 3

## 해부생리학

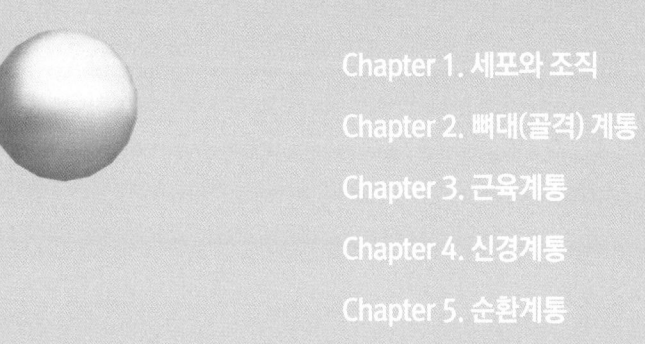

Chapter 1. 세포와 조직

Chapter 2. 뼈대(골격) 계통

Chapter 3. 근육계통

Chapter 4. 신경계통

Chapter 5. 순환계통

> 기초 이해

### 1) 인체 해부생리(Human anatomy physiology)

인체 각 부분의 기능과 그에 따른 물리 화학적 요소 및 과정을 연구하는 학문이다.

### 2) 인체의 구조적 단계

모든 개체의 구조와 기능적 특성은 구성성분에 의해 결정되며 화학물질 → 세포소기관 → 세포 → 조직 → 기관 → 계통 → 인체의 구조적 단계로 이루어진다.

### 3) 인체의 생태학적 특성

#### (1) 신진대사

외부에서 물질을 받아 체내에서 분해, 소화, 흡수, 배출에 의해 열과 에너지를 만들어 대사활동을 함

#### (2) 성장

세포분열을 통하여 수와 부피가 커지는 현상

#### (3) 번식

종족을 유지하기 위한 수단으로 유전자 기능에 의해 다음세대에 생명의 구조를 계승

#### (4) 적응

생존의 수단으로 환경의 변화에 형태나 기능을 조절, 번식을 통해 성장과 발달로 진화를 거듭하면서 환경에 적응

#### (5) 운동

능동적, 수동적 움직임.

#### (6) 반응

의식, 무의식 반응에 의해 내·외적인 자극을 적절하게 통제하므로 자극을 최소화하고 적응하려는 현상

#### (7) 항상성

외부의 자극에 신체의 내적환경의 생리현상을 일정하게 유지하려는 성질

## 4) 항상성 유지 기전

### (1) 음성 되먹이기 기전(Negative Feedback)

정상적 상태에서 변화가 생겼을 때 그 변화값을 감소하는 기전으로 혈압 유지기전에 이에 속한다.

### (2) 양성 되먹이기 기전(Positive Feedback)

정상적 상태에서 변호가 생겼을 때 그 변화 값을 크게 하는 기전으로 출산의 경우 양성 되먹이기 기전에 한 예에 속한다.

## 5) 인체의 면

해부학적 자세란 인체의 발이 앞으로 향하고 양 팔은 측면에 내린 상태에서 양 손바닥을 앞으로 향한 채 똑바로 서 있는 자세를 말한다.

### (1) 시상면

인체를 수직으로 나눠 좌우부분으로 나눈 면으로, 좌우 똑같이 나눈 면을 정중시상면이라 한다.

### (2) 전두면

인체를 수직으로 나눠 앞뒤부분으로 나누는 면

### (3) 횡단면

가로면, 인체를 수평으로 나눠 상하부분으로 나눈 면

## 6) 체강

① 인체의 빈 공간으로 배측 체강, 복측 체강으로 나눈다.
② 배측체강은 두 개강과 척수 강이 포함
③ 복측체강은 흉강, 복강, 골반 강이 포함

- 생물체의 구조적, 기능적, 유전적 기본 단위

- 가 세포는 모양과 크기와 구조가 서로 다른 기능을 한다.

- 세포의 기본구조는 핵, 세포질, 세포막으로 분류

# chapter 1
## 세포와 조직

### ❶ 세포의 구조 및 작용

#### 1) 핵

- 세포의 중추로서 핵막, 핵형질, 핵소체, 염색질로 구성
- 세포의 조절센터로서 대사를 조절하고 세포분열을 주도하며, 성장 및 단백질 합성에 관여
- 유전정보센터로 DNA, RNA를 가지고 유전적 특질을 결정

① **염색체**(Chromosome)
- 핵속 염색질은 세포 분열기에 실모양의 염색체로 변함
- 사람의 염색체는 남녀 46개가 존재하며 44개(22쌍)는 체 염색체이고 나머지 2개(1쌍)는 성염색체
- 염색질의 기본 단위인 뉴클레오좀은 히스톤단백에 DNA 사슬로 구성되어 있다.

  · **핵산**(Nucleic acid)
  - 염기(아데닌, 구아닌, 시토신, 티민), 당, 인산으로 구성
  - 종류 : DNA, RNA

    DNA : 유전자 정보를 담고 있으며 이중나선구조로 되어 있다

    RNA : DNA 암호를 받아 세포질에서 단백질 합성에 관여하며 단일사슬로 구성

    (m-RNA : 유전정보의 전달, r=RNA : 리보솜의 형성, t-RNA : 아미노산 운반)

② **핵막**
- 이중막으로 핵과세포질을 경계, 핵 공을 통하여 핵과세포질 사이에 물질 교환이 이루어진다.

## 2) 세포질

· 원형질, 수많은 화학물질로 포함하며 세포를 구성하는 살아 있는 물질

### (1) 세포소기관

- 한 가지 또는 두 가지 이상의 특수한 기능을 수행하는 소기관

① **미토콘드리아**(Mitochondria)

· 세포 내 호흡담당

· TCA cycle, 전자전달계

· 유기물의 산화에 관여하는 효소를 간직하고 있어서 화학 에너지(ATP) 생산, 세포 발전소의 역할

② **리보솜**(Ribosome)

· 많은 양의 RNA 함유하여 단백질 합성, 일명 단백질 공장

③ **소포체**(Endoplasmic reticulun, ER)

· 리보솜에서 합성된 단백질을 모아서 세포질의 다른 부위나 세포 밖으로 수송하는 조면 소포체와 지방, 인지질, 스테로이드 화합물 등을 합성하는 활면 소포체로 구성되어 있다.

④ **골지체**(Golgi complex)

· 노폐물질의 흡수와 저장농축 세포 내 합성물질을 외부로 내보내는 역할을 한다.

⑤ **리소좀**(Lysosome)

· 가수분해효소를 가지고 있어 세포 내 소화 관여

· 효소작용을 통해서 새포의 파괴 생성을 담당한다.

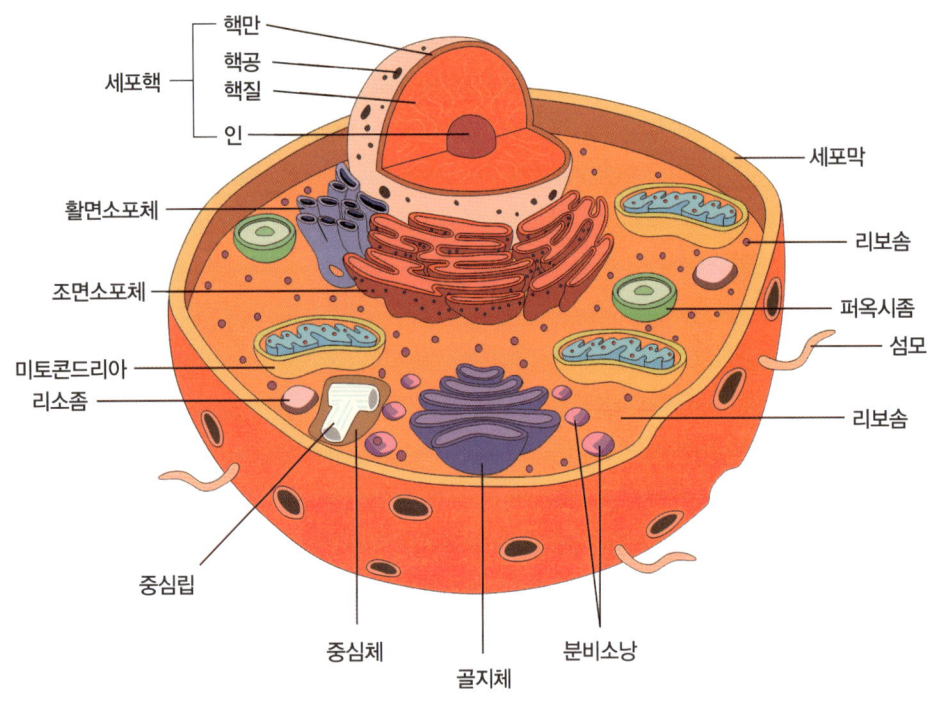

[그림 3-1] 세포구조

## 3) 세포막

· 단백질 인지질 탄수화물로 구성된 2중층이다.

· 선택적 투과성의 물질 교환과 세포내외 경계막

· 항상성 작용에 의한 세포 원형유지

· Na-K 능동수송작용

### (1) 원형질 막(세포막)의 물질 이동

① 수동(운반)운동

에너지가 필요 없이 농도나 전기적 경사에 순응 한다. 세포막을 통해 영양물질과 노폐물의 이동, 확산 - 삼투 - 여과

② 능동(운반)운동

ATP(아데노신삼인산)와 운반체가 관여하며 농도와 전기적경사에 역행하는 이동이다.

### (2) 단백질 합성

DNA 유전정보를 m-RNA가 전사하여 세포질 내 리보솜인 r-RNA로 이동하여 정보에 따라 t-RNA가 아미노산을 운반하여 배열시킴으로 단백질이 합성된다.

## 4) 세포 분열

· 유사분열, 무사분열, 감수분열이 있다.

### (1) 유사분열 : 체세포분열로 5단계를 거친다. 핵이 먼저 분열된 후 세포질이 분열됨

① **간기** : 세포분열 사이의 시기로 외부적 변화는 없다.

② **전기** : 핵막과 인이 소실, 염색질이 염색체로 변함, 중심소체가 방추사를 형성함

③ **중기** : 염색체가 중심부위에 나열함(적도판 형성), 염색체가 가장 잘 관찰되는 시기

④ **후기** : 방추사에 연결된 염색체가 양극으로 이동

⑤ **말기** : 핵막과인이 다시 형성되고 염색체가 염색질로 바뀌고 세포질이 두 개로 분리됨

**(2) 무사분열** : 직접 분열이라고 한다.

**(3) 감수분열** : 정자나 난자의 성숙 과정에서 볼 수 있는 세포 분열로 유사 분열의 특수 형태이다.

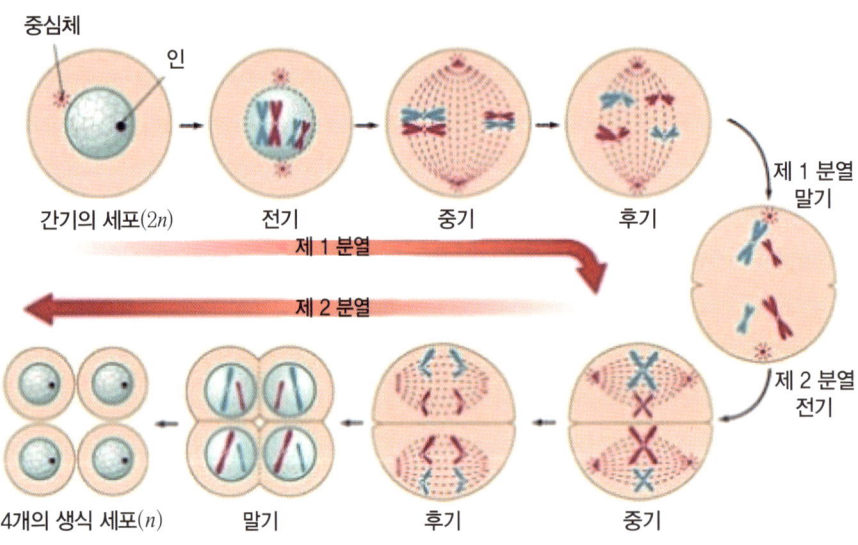

[그림 3-2] 세포분열과정

## 5) 체액

① 신체 내에 유기질과 무기질이 녹아 있는 모든 액상 성분을 말한다.

② **세포외액** : pH 7.3~7.4유지. 폐의 이산화탄소 배출, 신장의 H+ 배설, 신장의 Na+와 HCO3-의 재흡수에 의해 조절됨

③ **세포내액** : 모세 혈관에서 액체의 이동 원리 : 혈압(액압), 혈장고질삼투압, 조직압, 조직교질삼투압이 관여함

④ **부종** : 조직액의 이상과다 현상으로 모세혈관 내 혈압(액압)상승, 혈장단백질 감소, 모세혈관의 투과성 증대, 림프관 폐쇄에 의해 유발된다.

## ❷ 조직 구조 및 작용

같은 형태의 세포들이 특수한 목적을 위하여 모인 집단을 조직이라고 하며 고유의 세포와 세포간질로 구성되어 있다. 4대 조직은 상피조직, 결합 조직, 신경조직, 근육조직이다.

### 1) 상피조직

- 신체의 외표 면이나 체강, 맥관의 내표피, 기관의 외피, 내강면을 덮는 막성 조직
- 보호, 빙어 흡수, 분비, 감각, 생식세포 생산의 역할을 담당
- 기저면과 자유표면으로 구성
- 기능과 배열에 따라 상피조직이 분류됨

① **편평상피**

단층과 중층으로 분류

- 단층편평상피: 한 층의 편평세포로 구성, 흉막, 복막, 심막의 내표면과 폐포, 신사구체낭에서 관찰됨, 특히 혈관에서의 단층편평상피는 내피라 한다.
- 중층편평상피: 여러 층의 편평세포로 구성되고 표피, 구강, 식도, 항문, 질 등의 점막에서 관찰되며 주로 보호기능을 함

② **입방상피**

한 층의 상피세포가 입방형을 이루는 것, 긴장의 세뇨관, 갑상선에서 관찰

③ **원주상피**

한 층 또는 여러 층의 원주상 세포로 이루어진 상피. 후두개나 결막원개에서 관찰

④ **섬모 상피**

원주상피세포의 표면이 변형된 섬모가 관찰되는 상피. 운동성을 가지며 기관, 기관지, 난관 자궁의 점막상피가 대표적인 예로 이물질제거나 난자수송 기능을 담당

⑤ **이행상피**

중층편평상피와 유사하며 신장 시 입빙싱피에서 편평상피로 변회하여 세포수를 감소시키므로 신장 기능을 담당. 방광, 신우, 요관, 요도에서 관찰

## 2) 결합조직

① **지주조직** : 몸을 지지하는 연골이나 뼈건 인대 골막 등

② **특수 결합 조직:** 여러 기관들이 틈을 메우고 연결시켜 내부 장기를 보호하는 조직

③ **콜라겐**(교원섬유) **엘라스틴**(탄력섬유) **세망섬유**

④ **고유 결합 조직:** 투명한 액체로서 세포와 모세혈관 사이에 영양분과 노폐물 운반 미생물, 노폐물의 침입을 막는 물리적 관문. 지방세포, 비만세포, 색소세포, 섬유아세포, 대식세포

⑤ 연골

- **초자연골:** 인체의장 많은 연골 - 늑연골, 후두연골, 관절연골
- **섬유연골:** 교원섬유가 포함되어 가장 긴 연골 - 추간원판, 관절원판
- **탄력연골:** 탄력이 강한 연골 - 후두연골, 귓바퀴

## 3) 근육조직

근세포의 기본단위로 단백질 20%, 수분 80%

① **골격근:** 수의근, 횡문근(가로무늬근)

② **심장근:** 불수의근, 횡문근(가로무늬근)

③ **평활근:** 불수의근, 민무늬근, 내장근, 혈관벽, 요관, 난관, 괄약근

## 4) 신경조직

① 신경세포와 뉴런 - 세포체와 수상돌기와 축삭돌기

② **시냅스:** 뉴런들과의 연결부

③ **신경교:** 신경세포지지 영양공급과 이물질의 탐식작용

## chapter 2
# 뼈대(골격) 계통

## ❶ 뼈(골)의 형태 및 발생

### (1) 골격계

지주기능, 보호기능, 운동기능, 조혈기능, 무기질 저장 기능

### (2) 구조 : 성인은 총 206개의 뼈로 구성

두개골 23개 - 척추골 26개 - 상지골 64개 - 하지골 62개 - 늑골 24개 - 흉골 1개 - 이소골 6개

### (3) 골의 분류 : 장골, 단골, 편평골, 불규칙골, 함기골, 종자골

### (4) 골의 구조 : 골막, 골단, 치밀골, 해면골, 골수강(적골수 - 조혈기능, 황골수 - 조혈기능상실, 지방성)

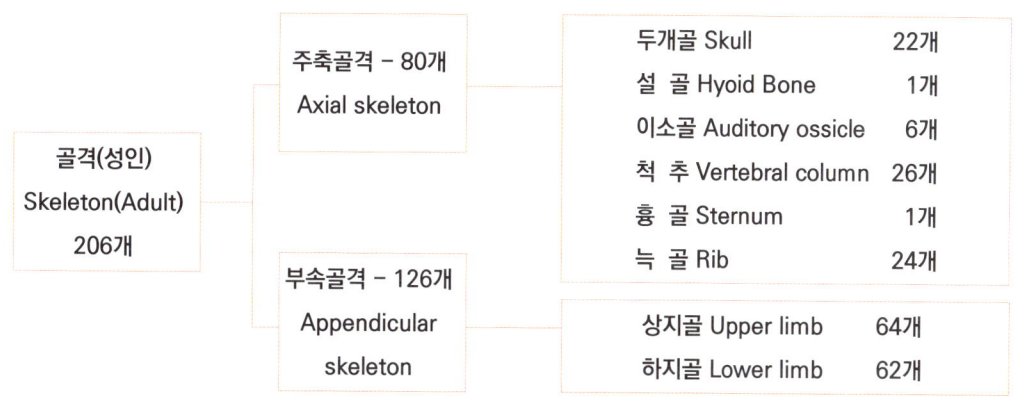

[그림 3-3] 뼈 형태

## ❷ 안면두개골

### 1) 두개 골

15종 23개의 뼈로 구성되며 운동성이 극히 제한됨

#### (1) 뇌두개골(6종 8개)

뇌를 둘러싸고 있는 뼈로 뇌를 보호

전두골 1개, 두정골 2개, 측두골 2개, 후두골 1개, 접형골 1개, 사골 1개

- **전두골**(1개) : 두개강 앞쪽을 구성하는 뼈로 이마, 안와, 비강의 상벽을 구성
- **두정골**(2개) : 1쌍의 사각모양의 편평골로 시상봉합을 형성, 도출정맥이 통과하는 1쌍의 두정공이 존재
- **측두골**(2개) : 청각과 평형감각기가 있는 함기골
- **후두골**(1개) : 마름모형의 1개의 편평골로 척수가 통과하는 대공이 있음
- **접형골**(1개) : 나비모양의 뼈. 터키 안에 뇌하수체를 수용
- **사골**(1개) : 함기골로 부비동인 사골동을 형성

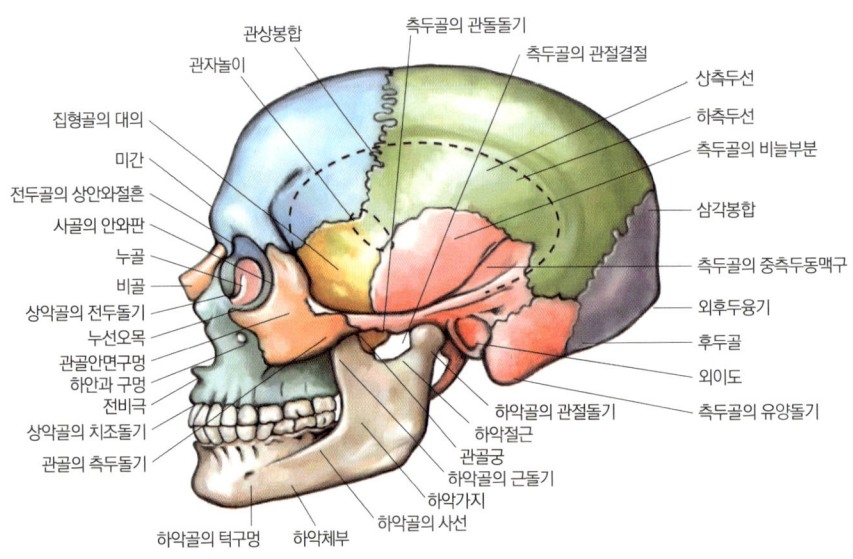

[그림 3-4] 두개골

## (2) 안면골(9종 15개)

얼굴을 형성하는 뼈

누골 2개, 비골 2개, 하비갑개 2개, 관골(협골) 2개, 서골 1개, 구개골 2개, 상악골 2개, 하악골 1개, 설골 1개

- **누골**(2개) : 안와 내측벽에 위치
- **비골**(2개) : 비강의 전상방의 구성하는 장방형의 뼈
- **하비갑개**(2개) : 비강의 외측벽을 형성하는 조개껍질 모양의 1쌍의 뼈
- **관골**(협골,2개) : 광대뼈라고 하며 측두골과 관골궁을 형성하는 1쌍의 뼈
- **서골**(1개) : 비중격 하부를 형성하는 쟁기 모양의 뼈
- **구개골**(2개) : 상악골의 뒤쪽에 위치하는 L자 모양의 1쌍의 뼈
- **상악골**(2개) : 좌우 1쌍이 정중앙에서 결합하여 윗턱을 형성하며 부비동중 가장 큰 상악동이 존재함
- **하악골**(1개) : 말발굽 모양의 1개의 아래턱 뼈, 안면골 중 가장 크고 단단함
- **설골**(1개) : 혀의 뒤쪽에 위치하는 말발굽 모양의 뼈로 다른 뼈들과 관절하지 않고 인대에 측두골의 경상돌기에 매달려 있음

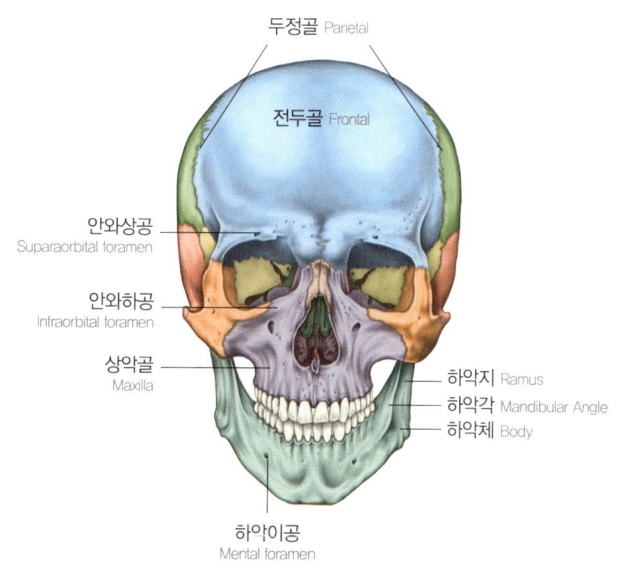

[그림 3-5] 안면골

## (2) 척추

① 경추 7개, 흉추 12개, 요추 5개, 천골 1개, 미골 1개로 구성(26개)

② **척추만곡** : 옆에서 보면 성인의 경우 4개, 신생아는 2개 존재

> **\* Tip**
> - 1차 만곡(선천성 만곡, 신생아 만곡) : 태어날 때부터 존재하는 만곡으로 흉부 만곡, 천부 만곡이 이에 해당함
> - 2차 만곡(후천성 만곡, 성인 만곡) : 후천성 만곡으로 경부만곡(생후 3개월경 형성), 요부 만곡(생후 1년경 형성)이 해당함

## (3) 흉골

① 깔대기 모양. 12개 흉추, 12쌍의 늑골, 1개의 흉골로 구성

② 흉강을 구성. 심장, 폐, 식도, 기관 등의 장기수용

# chapter 3
## 근육계통

### ❶ 근육의 형태 및 기능

#### 1) 근육의 기능

① 혈관의 수축에 의한 혈액순환
② 호흡작용
③ 신체의 소화관 작용에 의한 음식물 이동
④ 신체의 능동적 운동작용
⑤ 배뇨, 배변 활동
⑥ 근육의 탄성으로 인한 자세 유지 : 골격근
⑦ 골격근의 이화작용에 의해서 체열 생산 : 정상체온 유지
⑧ 관절의 안정화

#### 2) 근육의 형태

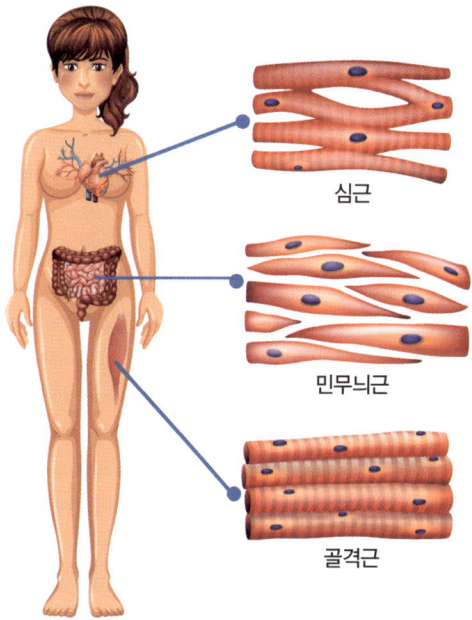

[그림 3-6] 근육의 형태

① **횡문근**(골격근, 심장근)
  · **골격근**(뼈대근) : 손, 발톱, 복배근, 혀, 인후, 동안근, 성대, 항문
  · **심장근**(심근) : 심장벽을 구성하여 심장을 박동시킨다.
② **평활근**(민무늬근, 내장근)
  · **내장근** : 위, 장, 혈관, 자궁, 소화관, 방광, 배뇨관

## 3) 골격근의 기능

① **운동** : 골격근의 수축과 이완을 통해 신체 일부를 움직여 관절운동을 한다.
② **자세** : 골격근의 부분적인 수축을 하여 서기, 눕기, 앉기 기대기 등의 신체 자세를 유지시킨다.
③ **체열생산** : 모든 세포들은 신진대사에 의한 이화작용을 통해 열을 생산 하고, 체온을 유지 한다.

## 4) 골격근의 구조

세포, 신경조직, 혈액, 다양한 형태의 결합 조직으로 되어 있으며, 근막이라는 여러 개의 결합 조직층으로 덮여 있다.

## 5) 골격근의 보조 장치

① **근막** : 피하(천)근막, 심근, 심근막, 장막하근막
② **건** : 근육의 머리와 꼬리는 건으로 되어 있으며 골막에 부착되어 있다.
③ **건초** : 건과 근육 사이의 마찰을 감소시켜 주는 주머니 모양의 막에서 윤활액을 분비하여 뼈와 마찰하는 건의 움직임을 원활하게 하는 작용을 한다.

## 6) 평활근(내장근)

① 위, 장관, 혈관, 자궁, 방광 등의 기관벽을 둘러싸고 있다.
② 불수의근으로서 자율신경의 지배를 받는다.

## 7) 근조직

상피조직, 결합조직, 근육조직, 신경조직

## ❷ 전신 근육

### 1) 머리(두부)의 근육

① 두부 표피 근(머리 덮개 근)

| 구분 | 기능 |
|---|---|
| 두개표근 | 두개골의 가장 윗부분을 덮고 있는 넓은 근육 |
| 후두근 | 두피의 주름 형성 |
| 전두근 | 눈썹을 위로 움직이고 머리를 숙이고 이마에 주름이 지게함 |
| 건막 | 후두근과 전두근을 연결하는 힘줄 |

[표 3-1] 두부 표피 근

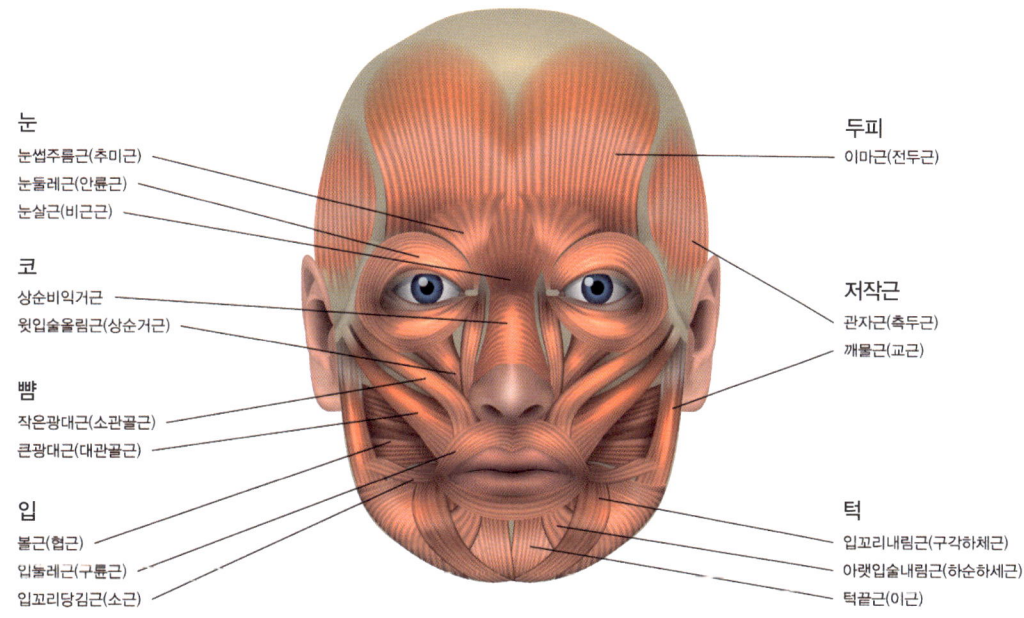

[그림 3-7] 두피 표피 근

② **안면근**(표정근)과 **저작근**(씹기근)으로 구분된다.

· **안면근**(얼굴근): 안면의 표정에 관여

| 구분 | 기능 |
| --- | --- |
| 전두근 | 눈썹을 들어올림 |
| 추미근 | 미간주름 형성 |
| 안륜근 | 눈을 감게 하는 작용 |
| 싱안검거근 | 눈을 뜨게 하는 작용 |
| 협골근(관골근) | 구각을 들어올림(웃음) |
| 협근 | 뺨을 압박하여 공기를 내뿜음(성난 표정, 트럼펫 부는 근육) |
| 구륜근 | 입을 닫고 오므리는 기능(휘파람 부는 근육) |
| 상순거근 | 윗입술을 들어올려 싫은 표정 |
| 구각하제근 | 입꼬리를 아래로 당겨 슬픈 표정 |
| 소근 | 입꼬리를 외방으로 당겨 볼에 보조개 형성 |

[표 3-2] 안면근

· **저작근**(씹기 근육) : 교근, 측두근, 외측익돌근, 내측익돌근

| 구분 | 작용 |
| --- | --- |
| 교근 | 하악골을 위로 당김 |
| 측두근 | 하악골을 상후방으로 당김 |
| 내측익돌근 | 하악골을 상전방으로 당기거나 회전 |
| 외측익돌근 | 하악골을 하전방으로 당기거나 회전하며 턱을 여는 데 관여 |

[표 3-3] 저작근

## 2) 경부의 근(목근육)

광경근(넓은목근), 흉쇄유돌근(목빗근), 설골근(목뿔근)

| 구분 | 작용 |
|---|---|
| 광경근 | 목의 전면과 외측면에 넓게 퍼져 있음 구각을 아래로 당겨<br>슬픈 표정에 관여 면도 시 피부 긴장도 유지<br>목의 주름을 만들어 경정맥 압박을 완화 |
| 흉쇄유돌근 | 한쪽 작용 시 반대로 고개를 돌림<br>양쪽 작용 시 얼굴을 위로 들어올림 |
| 설골근 | 설골상근은 음식을 삼킬 때, 입을 열 때 작용<br>설골하근은 위로 올라간 설골과 인두를 제자리로 회복 |

[표 3-4] 경부의 근

## chapter 4
# 신경계통

### ❶ 신경조직

#### 1) 신경계의 기능

① **감각기능** : 시각, 청각, 미각, 후각, 촉각, 통각

② **운동기능** : 근육을 수축시키는 기능

③ **조정기능** : 운동신경을 통하여 골격근에 명령을 하는 기능

④ **전달기능** : 뇌신경 자극이 신경섬유를 따라 중추신경에 전달되도록 하는 기능

⑤ **통합기능** : 자극과 흥분을 중추로 전달하거나 중추에서 일어난 흥분을 말초로 전달하는 기능

| ① 중추신경계 | 뇌 | | 몸의 각 부분에서 모아둔 정보를 받아서 처리한다. |
|---|---|---|---|
| | 척추 | | |
| ② 말초신경계 | 체성신경계 | 감각운동 | 감각과 골격근으로 운동을 지배한다. |
| | | 운동신경 | |
| | 자율신경계 | 교감신경 | 모든 내장의 활동을 지배한다. |
| | | 부교감신경 | |

[표 3-5] 중추신경계와 말초신경계

## 2 중추신경

### 1) 뇌

뇌는 140억 개의 신경세포(뉴런)가 들어 있으며 대뇌, 간뇌, 뇌교, 연수, 소뇌 등으로 구성

① **대뇌** : 뇌 전체의 80%를 차지한다. 왼쪽 반구는 논리적 사고, 언어능력 등의 과학적 능력에 관여하며 신체의 오른쪽을 통제하고, 오른쪽 반구는 공간적·직관적인 예술성과 관계가 있으며 신체의 왼쪽 신경과 연결되어 있다

② **소뇌** : 몸의 자세나 평형 유지, 운동기능 조절

③ **연수(숨치)** : 뇌간(중뇌, 뇌교, 연수)의 가장 아래에 있으며 심장박동, 호흡, 운동, 음식물의 연동 운동 관여

④ **중뇌** : 시각과 청각의 반사중추로서 안구운동과 동공수축운동의 중추 역할

⑤ **뇌교** : 신경로 외의 많은 신경세포를 포함하여 교핵이라 부른다.

⑥ **간뇌** : 자율신경계의 최고 중추역할을 하는 시상부분으로, 후각을 제외한 모든 감각 자극들을 관여하는 곳

## 2) 척수

횡단면의 지름이 약 1cm인 둥근 기둥 모양의 기관으로, 척추 뼈의 중심에 있다. 각 척수관으로부터 좌우 한 쌍으로 총 31쌍의 척수신경이 드나든다.

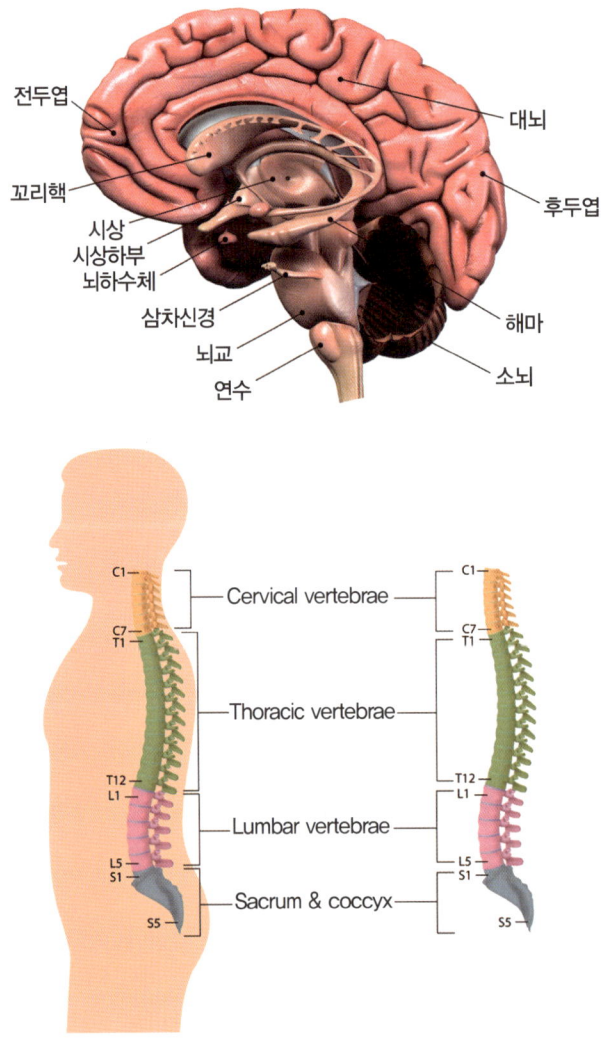

[그림 3-8] 중추신경계 구조

## ❸ 말초신경

뇌와 밀접한 12쌍의 뇌신경과 척수와 밀접한 31쌍의 척수신경으로 되어 있으며 기능에 따라 의식적인 활동을 하는 체성신경계와 내장기관에 연결되어 무의식적인 활동을 취하게 하는 자율신경계로 구분된다.

### 1) 체성신경계

① 뇌신경

뇌에서 출입하는 12쌍의 신경

| 신경명 | 구분 | 기능 |
|---|---|---|
| Ⅰ. 후신경 | 감각 | 후각 |
| Ⅱ. 시각신경 | 감각 | 시각 |
| Ⅲ. 동안신경 | 운동 | 안구운동, 동공수축 |
| Ⅳ. 활차신경 | 운동 | 안구의 후하방운동 |
| Ⅴ. 삼차신경 | 혼합 | 각막의 지각, 누선, 상순, 윗니, 인두부분의 지각, 혀, 아랫니, 지각, 저작운동 |
| Ⅵ. 외전신경 | 운동 | 안구의 외측운동 |
| Ⅶ. 안면신경 | 혼합 | 맛 지각, 타액분비, 누선분비, 표정 |
| Ⅷ. 진정와우신경 | 감각 | 청각, 평형감각 |
| Ⅸ. 설인신경 | 혼합 | 혀의 맛감각, 연하, 타액분비조절 |
| Ⅹ. 미주신경 | 혼합 | 연하, 가스교환, 혈압조절, 장내반사 |
| Ⅺ. 부신경 | 운동 | 발성, 두부운동, 어깨운동 |
| Ⅻ. 설하신경 | 운동 | 대화나 연하 시 혀 운동 |

[표 3-6] 뇌신경

② **척수신경**

척수분절에 대응하여 추간공을 출입하는 31쌍의 말초신경

## 2) 자율신경계

① 12쌍의 교감신경과 8쌍의 부교감신경계로 이루어지며, 심장근, 평활근, 각종 분비선의 활동을 지배하는 신경계의 총칭이다.

② 내장기능, 체온, 내분비기능 조절, 심장, 폐, 신장, 방광, 자궁, 혈관의 각종 분비물을 조절하는 기능을 한다.

| | |
|---|---|
| 교감신경 | 심박동 증가, 혈관수축, 기관지 확대, 누선촉진, 한선촉진, 동공확대, 타액선분비 억제, 위액분비 억제, 연동운동 억제, 배뇨억제 등 |
| 부교감신경 | 소화운동 촉진, 타액분비 촉진, 배뇨 촉진 등 |

## chapter 5
# 순환계통

## 1 혈액

혈액은 세포성분인 혈구(45%)와 체액성분인 혈장(55%)으로 구성되어 있다. 총 혈액량은 체중의 8~9% 정도, 혈당량은 80~120mg/L이며 pH 7.4이다.

### 1) 혈액의 기능 및 조성

① 호흡작용

② 운반작용

③ 배설작용

④ 면역작용

⑤ 수분조절작용

⑥ 영양물질 흡수 및 운반작용

⑦ 삼투압 및 이온 평형 조절작용

⑧ 체온 조절 작용

⑨ 산-염기 조절작용

⑩ 혈압유지 조절작용

### 2) 조성

#### (1) 적혈구(RBC)

원반형이며 핵이 없다. 헤모글로빈을 함유하고 있어 산소를 운반하는 역할을 한다. 수명은 약 120일 정도이다.

#### (2) 백혈구(WBC)

부정형이며 핵이 있다. 아메바 운동으로 식균작용을 한다. 수명은 약 5~10일 정도이다.

### (3) 혈소판(Platelet)

부정형이며 핵이 없고 혈액 응고에 관여하는 효소(트롬보키나아제)를 함유하고 있어 과다출혈을 막아준다. 수명은 약 3~4일 정도이다.

### (4) 혈장

- 혈구를 제외한 액체성분으로 물이 90% 이상을 차지한다.
- 혈장단백은 알부민, 글로불린, 피브리노겐으로 구성되고 약 6~7% 정도 차지한다.
- 혈청 : 혈장의 구성 성분 중 섬유질인 피브리노겐을 제외한 맑고 노란 액체성분

|  | 적혈구(원반형) | 백혈구(아메바형) | 혈소판(부정형) |
|---|---|---|---|
| 형태 | 원반형 | 아메바형 |  |
| 핵의 유무 | 무핵 | 1 ~ 여러개 | 무핵 |
| 지름 | 7~8㎛ | 10 ~ 15 ㎛ | 2 ~ 3 ㎛ |
| 수($mm^3$ 당) | 남자 5000만 개 / 여자 450만 개 | 6,000 ~ 8,000개 | 20만 개 ~ 30만 개 |
| 생성 장소 | 골수 | 골수, 림프절, 지라 | 골수 |
| 파괴 장소 | 지라, 간 | 지라, 골수 | 지라 |
| 수명 | 100 ~ 120일 | 10 ~ 20일 | 2 ~ 3일 |
| 기능 | 헤모글로빈 합성 | 식균작용 | 혈액응고 |

[표 3-2] 각 혈구의 특징

## ② 혈관

### (1) 동맥

동맥은 대동맥·중형동맥·소동맥(세동맥)으로 나누어진다. 내막, 중막, 외막 3층으로 구성된다. 섬유성의 질긴 외막과 두꺼운 섬유와 강한 탄력성이 있는 평활근 섬유로 된 중막과 내피세포로 구성된 내막으로 구성되어 있다.

### (2) 정맥

정맥은 가는 소정맥이 모세혈관이라고 부르는 미세한 혈관망에서 전달받은 산소가 적은 혈액을 운반한다. 동맥에서와 마찬가지로 정맥벽도 속막·중간막·바깥막 등 3층의 막으로 이루어져 있다. 동맥에 비하여 탄력성이 떨어지며 판막이 있어 혈액의 역류를 방지한다.

### (3) 모세혈관

모세혈관을 통해 혈액과 조직 사이의 산소와 영양분·노폐물이 교환된다. 심장에서 나온 동맥혈은 결국 모세혈관망으로 갔다가 다시 정맥혈이 되어 심장으로 돌아간다. 단층의 내피세포로 구성되며 확산에 의해 물질이동을 한다.

## ③ 림프

### (1) 림프란

림프는 인체에 고루 분포하며 신체대사에서 중요한 물질로서 세포로부터 영양액을 운반하는 간질성 림프뿐만 아니라 간접적으로 수억만 개의 세포 원형질 내를 순환하는 세포내액을 포함하기도 한다. 적혈구가 산소와 이산화탄소를 운반하는 수송수단으로 작용하는 것처럼 림프는 비타민, 호르몬, 혈중 혹은 다른 조직손상으로 인한 대사 노폐물, 기초대사물질, 영양물질로서 세포에 필요한 거의 모든 혈장단백질 구성물질을 포함한다.

## (2) 림프의 구조

전신 모세혈관을 통해 조직으로 스며 나온 혈액의 일부가 모세림프관으로 흡수되어 림프액이 형성되며 모세림프관 → 림프관 → 림프절 → 림프본관 → 집합관 → 쇄골하정맥으로 유입된다. 림프는 혈액성분 중 적혈구, 혈소판을 포함하지 않는다. 림프관에는 판막이 존재하지 않으며 림프계의 부속기관은 편도, 비장, 흉선이 있다.

① **흉선** : 사춘기 이후 퇴화하는 장기로 림프구를 생산

② **편도** : 설편도, 구개편도, 인두편도

③ **비장** : 인체 최대 림프기관, 림프구 생산, 적혈구 파괴 및 저장, 혈액여과, 항체생산, 식작용

## (3) 림프의 기능

① 생물학적 여과기능

② 림프의 농축

③ 면역기능(림프구의 복제)

④ 흡수나 대사되지 않은 물질의 저장

⑤ 체내의 수분균형 유지

⑥ 면역작용

## (4) 주요 림프절

- 림프절은 여과 장치로서 림프경로에 포함된다. 대체로 림프절을 통한 여과작용이 없이는 기관이나 신체를 통과할 수 없으며 혈액순환 체계와 연결되어 있다.

- 혈관은 유문이라는 곳을 통해 림프절로 들어간다. 많은 수출림프관에 의해 유입된 림프액은 림프절에 집중되며 림프는 림프구, 혈장세포, 백혈구 등 면역체계의 모든 세포를 세척하고 수출림프관을 통하여 림프절을 나간다.

### ① 목 림프절

목 부위의 림프절은 턱의 아래쪽 경계를 따라 귀의 앞과 뒤의 큰 혈관을 따라 목안의 깊숙한 부위에 있다. 이 절들은 비강과 인두의 조직뿐만 아니라 얼굴과 두피에서 나오는 림프관과 연결되어 있다.

### ② 겨드랑이 림프절

겨드랑이 부분과 팔 아래 부위에 있는 림프절들은 팔과 흉곽의 벽, 유선, 복부의 윗벽에서 나오는 림프관에서 받아 들인다.

### ③ 서혜 림프절

서혜 부위의 림프절은 다리와 외부생식기 및 아래 복벽에서 림프를 받아들인다.

### ④ 골반강 림프절

골반강 내에서 림프절은 제일 먼저 장골 혈관의 길을 따라 있으며 이 절들은 골반강 내에서 림프를 받는다.

### ⑤ 복강 림프절

복강 내에서 림프절은 장간막동맥과 복대동맥의 주 가지들을 따라 사슬로 연결되어 있다. 이 절들은 복부내강에서 림프를 받는다.

### ⑥ 흉강 림프절

흉강의 림프절은 종격동내와 기관 및 기관지를 따라 있다. 그들은 흉부내장과 흉부의 내부벽에서 림프를 받는다.

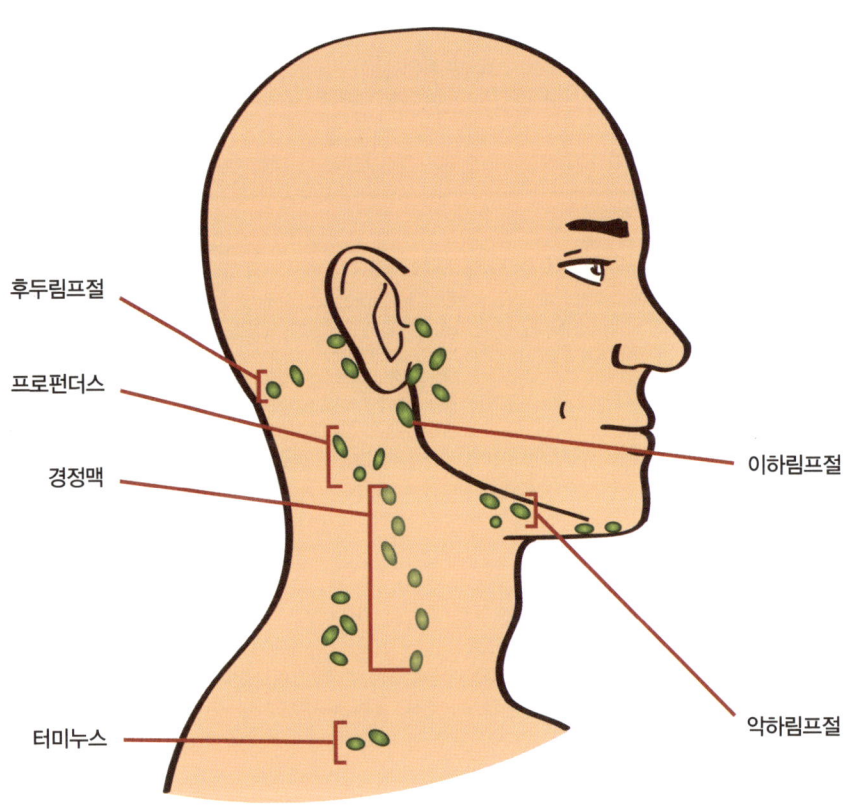

[그림 3-9] 림프

PART

# 4

## 메이크업과 색채학

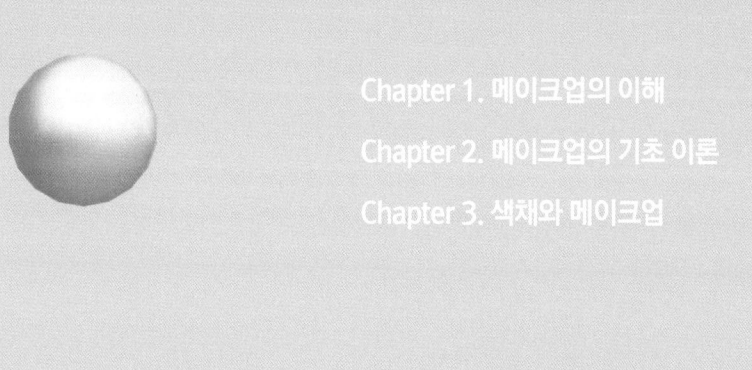

Chapter 1. 메이크업의 이해

Chapter 2. 메이크업의 기초 이론

Chapter 3. 색채와 메이크업

chapter 1
## 메이크업의 이해

### ❶ 메이크업의 정의 및 목적

#### (1) 메이크업의 정의

인간의 미적 본능과 끊임없는 욕망에서 일어나는 자기표현의 중요한 수단 중 하나로 메이크업의 사전적 의미는 '제작하다', '보완하다', '완성시키다'로 다양한 화장품과 도구를 사용하여 얼굴 또는 신체의 결점을 수정·보완하고 장점을 부각시켜 개성을 돋보이게 하는 아름다움을 위한 표현 행위를 말한다. 어원은 그리스어인 '코스메틱(Cosmatic)'을 포함한 '코스메티코스(Cosmeticos)'이며, '보기 좋게 정리하다', '감싸다'는 뜻으로 그 의미는 질서 있는 체계, 조화를 뜻한다. 오늘날 메이크업은 매력적이고 아름답게 자신의 내·외향적 이미지를 원하는 방향으로 만들어가는 창의적이고 예술적인 행위를 의미하며, 자신의 정체성을 표현하거나 미의식 속에 자아를 하나의 개성으로 표현하는 이미지 업을 포함하며 시대의 사회적 요구와 여성관, 미에 대한 가치 기준을 반영하는 화장 문화의 현상으로 인식되고 있다.

#### (2) 메이크업의 목적

- **과거** : 본능적인 목적(이성 유인), 신체 보호, 신분 표시, 종교 의식 등으로 행해 졌다.
- **현대** : 자신의 결점을 보완, 수정하여 장점은 더욱 부각시키고 단점은 커버하여 아름다움과 개성표현으로 행해지고 있다.

## ❷ 메이크업의 기원 및 기능

### (1) 메이크업의 기원설

① 장식설

[그림 4-1] 아프리카 원주민의 장식하는 모습

- 인간심리의 욕구와 미적 본능의 장식적인 수단에서부터 메이크업이 시작되었다고 보는 장식설은 현재까지 가장 신빙성 있는 설로 받아들여진다.

- 원시시대에는 피부에 상처를 내거나 채색, 문신 등을 새겨 자신의 신체를 아름답게 꾸미는 것으로 상대에게 보여주려는 욕망이 강하다.

- 인류는 문신의 형태로 꽃, 동물모양 등을 피부에 새겨 시간이 지나면서 여러 색의 진흙을 사용하였는데 이러한 것이 오늘날 메이크업의 시초가 되었다는 견해이나

- 자연스럽게 표식이나 장식을 하려는 욕망이 원시의 지배자들로부터 시작되면서 자연스럽게 장식과 표현의 욕구로 연결되어 다채로운 색채의 진흙이나 식물의 색료를 사용하여 얼굴, 머리 등 전신에 바르기 시작했다.

② 종교설

[그림 4-2] 고대 이집트 시대 제사를 지내기 위해 향유를 몸에 바르고 있는 모습

- 일종의 주술적 종교적 욕구로 악령이나 잡귀, 악마로부터 자신과 부족의 심리적 보호와 병으로부터 보호받기 위해 신체에 색채를 부여하거나 향을 이용하여 재액을 물리치고 복을 비는 행위로부터 화장이 시작되었다고 보는 견해에서 나온 설이다.

- 메이크업의 시초로 보는 이집트인들은 그들이 숭배하는 신의 제단에 가기 위한 청결의식으로 얼굴에 채색을 하고 향수를 뿌린 것으로 보여진다. 파푸아뉴기아 여인이 제식을 위해 격식을 갖추어 화장을 한 모습을 보면 신에 대한 예의 또는 신을 맞이할 자격을 갖추기 위해 화장이 종교적으로 이용된 것을 알 수 있으며, 인도의 인더스강, 메소포타미아의 티그리스 유프라테스강, 중국의 황하강 등 유역에서 발견된 화장의 흔적은 종교의식으로서 메이크업이 얼마나 신성한 것인가를 말해주고 있다.

- 단군신화에서도 우리 조상이 향의 원료가 되는 박달나무를 신성시한 것을 볼 수 있는데, 이는 안료뿐 아니라 향을 함께 이용하여 정령 또는 신과 의사소통을 하고자 했던 고대인들의 제사습속의 흔적으로 보여지고, 고대에는 초자연과의 융합을 위해 가면을 착용하였는데 이는 초자연적인 힘으로 위장하거나 악령으로부터 자신을 보호하기 위한 목적이 있다.

③ 신체 보호설

[그림 4-3] 이집트인들의 눈화장

· 인간이 자식을 어떤 종류의 위험으로부터 심리적·물리적으로 보호하기 위한 수단으로 분장을 하였다는 견해에서 나온 설이다.

· 원시 시대 인류가 몸에 상흔과 문신을 한 것은 적이나 악마에게 공포감을 주고 자심을 보호하기 위한 수단, 이집트인들은 사막의 모래바람, 독충, 태양빛으로부터 눈을 보호하기 위해 색료와 코울 등을 이용하였다.

④ 신분 표시설

[그림 4-4] 뉴기니아 서사모아 지역의 무속인 지도지

- 인간은 사회적 동물로 신분, 종족, 성별, 연령, 결혼 유무를 구별하기 위한 목적으로 메이크업이 시작되었다고 보는 견해에서 나온 가설이다.
- 자신의 신분을 나타내기 위해 신체에 장식을 하여 소속집단을 표현하고 타 집단과 경계히며, 자신의 집단에 단합되고 충성심을 표현하였다.
- 오늘날에도 행해지고 있는 인도여성들의 빈다라고 불리는 미간의 붉은 점은 여성이 기혼임을 표시하는 것이었다.

⑤ 이성 유인설(본능설)

[그림 4-5] 이집트 네페르티티의 딸을 묘사한 그림

- 인간은 이성에게 매력적이고 아름답게 보이고 싶은 본능을 가지고 있고, 자신을 과시하고자 하는 과시욕이 있으며, 종족 보존의 본능적 욕구가 있어 그를 표현하기 위한 수단으로 자신의 신체를 장식하거나 가꾸었다고 보는 가설이다.

- 이집트 시대 벽화를 보면 이집트 여인들은 유두에 붉은 색조를 발라 자신의 신체를 아름답게 하여 이성의 관심이나 호감을 이끌어내었다고 하고, 폴리나족 남성들은 화장을 하여 아름다움을 과시하였다고 한다.

## (2) 메이크업의 기능

- **장식적 기능** : 인체를 보다 아름답고 개성있게 표현하여 개인의 이미지를 창출하는 기능

- **보호적 기능** : 자외선, 먼지, 온도 변화 등 물리적, 자연적 환경으로부터 신체를 보호하는 기능

- **사회적 기능** : 화장을 통해 무언의 의사전달을 하거나, 사회적 관습, 예의적인 표현, 연령, 직업, 신분 등을 표현하는 기능

- **심리적 기능** : 외형을 가꿈으로써 자신감을 회복하거나 인물의 성격, 사고방식, 가치추구 방향 등 내적 요인을 표현하는 기능

## ❸ 메이크업의 역사

### 1) 서양 메이크업의 역사

#### (1) 고대 시대(B.C 3000년경~A.D 400년경)

① 이집트(B.C 3200년경)

[그림 4-6] 클레오파트라　　　　　　　　　　[그림 4-7] 이집트인

- 인류가 처음으로 사회적 표시와 미적 효과로서의 메이크업과 복식, 헤어를 하였다고 말할 수 있는 시대임
- 신체를 지키고 자연환경으로부터 피부를 보호하기 위한 의학적 기능 외에 상징적 의미를 가지고 종교의식에서 발달되었음
- 노출이 많은 피부를 보호하고 관리하는 목적으로 화장료와 연고, 향유가 사용됨
- 색과 선을 과감하게 사용하여 화장법이 상당히 진보됨

· 눈썹을 검게 만들기 위해 안티몬 가루의 사용과 방연광으로 만든 코울로 커다란 검정색 라인을 강조하였음

· 신으로부터 보호를 받는다는 보호의 상징과 강한 햇빛으로부터 눈을 보호하고 사물을 제대로 보기위한 목적으로 눈 꼬리 부분에 물고기 모양을 그렸음

· 헤나를 사용하여 사막의 먼지로부터 손톱과 발톱을 보호하고 머리를 염색하였음

· 볼과 입술은 붉은 황토흙을 이용하여 붉게 하였음

· 클레오파트라 시대에 피부관리와 메이크업, 모발관리, 향수, 액세서리에 이르기까지 이집트의 메이크업은 절정을 이루었음

② 그리스(B.C 3000~B.C 400)

[그림 4-8] 그리스 여인

- 기초 화장품이 일상생활에서 자연스럽게 요구되었고 종교의식에 비롯하여 화장이 발달했으나 인간의 자연 그대로의 아름다움(균형미와 조화미)을 중시하였음

- 동양 화장 문화의 영향을 받아 백색 안료를 사용하여 피부톤을 희게 표현하였음

- 헬레니즘 사상으로 여자는 남편을 위한 밤 화장이 유행하였고, 그로 인해 헤어스타일에 많은 변화를 가져왔음

- 눈썹은 가늘고 검게 칠하였고, 가는 눈썹을 만들기 위해 필요 없는 체모를 뽑았고, 중앙으로 가까이 접근시켜 미간을 좁아 보이게 하였음

- 입술화장과 볼화장은 단사를 사용해 주황색 컬러로 화장을 하였음

- 히포크라테스는 피부병을 연구하여 식이요법, 마사지, 일광욕 등이 피부를 건강하게 유지시켜준다고 주장하였고, 칼렌에 의해 약학과 본초학을 접목시켜 콜드크림이 탄생하였음

③ 로마(B.C 8C~3C)

[그림 4-9] 사바나의 여인들

- 그리스의 영향을 받아 화장료와 향수를 사용하였고, 미용과 종교의식을 위해 목욕을 즐겼음

- 국제적인 문물의 교류가 일찍부터 행해져 각 민족문화의 장점을 모방하여 합리적이고 실질적인 로마만의 문화로 만들었음

- 흰 피부를 선호하여 초크 원료인 흰가루나 백연 분을 바르고, 안티몬이나 사프란을 이용해 검은 눈 화장을 하였음

- 금발로 염색을 하거나 가발을 사용하고 머리카락과 눈썹에 베르가코트 정유와 밍크로 향을 냄

- 로마 시대의 화장이란 물질적 풍요와 여유의 표현으로 신체적 노화를 감추기 위한 분장의 수준으로 메이크업이 강함

## (2) 중세 시대(4C~15C)

① 비잔틴(4C~10C)

[그림 4-10] 유스티나누스 여왕

· 기독교의 금욕주의 영향으로 화장을 경시하는 풍조가 탄생하였음

· 교회는 화장과 목욕까지 제한하여 악취를 감추기 위해 향수가 널리 사용되었음

· 처녀들의 볼에 정숙의 표시로 붉은색만 허용하였음

· 행실이 나쁜 여성이나 연극인, 예능인에게만 화장이 행해짐

· 머리 장식은 주로 귀부인에게만 국한되어 비잔틴 여성들의 가장 중요한 장신구가 되었음

② 로마네스크(11C~13C)

[그림 4-11] 로마네스크 여인

- 십자군 전생이후 교회와 수녀원을 중심으로 새로운 양식의 예술이 일어났음
- 동양으로부터 안티몬과 향유 등 화장 재료들과 회교도의 화장 풍습이 전해져 아름답게 치장하는 것에 대한 관심이 다시 생겨남

③ **고딕**(14C~15C)

[그림 4-12] 고딕시대의 여인

· 화장에 대한 혐오와 이상적 여성의 아름다움이 공존하였음

· 피부를 희게 가꾸고, 하얗게 보이게 하기 위해 흰색과 핑크색의 수용성 안료를 사용하였고, 창백한 피부로 보이게 하기 위해 피를 뽑아내기도 하였음

· 눈썹은 가는 아치 형태의 갈색으로 표현하였고, 가는 모양의 눈썹과 넓은 이마를 만들기 위해 체모를 뽑거나 밀었음

· 입술과 뺨, 손톱은 붉은 색을 선호하였음

## (3) 근세 시대(16C~18C)

① 르네상스(16C)

[그림 4-13] 엘리자베스1세여왕

- 본래 재생, 부활이라는 의미를 가지고 있음

- 14세기경 부터 16세기에 걸쳐 그리스·로마의 고전 문예가 부활한 것을 의미하여 인간을 위한 인간중심의 순수한 미의식의 회복을 추구한다는 목표를 가지고 그리스·로마의 예술양식을 모방하여 그대로 재현하려 하였음

- 자본주의가 출현하고 종교개혁이 이루어지면서 개인주의, 향락주의가 만연하였고, 귀족과 부유층들안 남녀를 불문하고 과장되고 화려한 의상과 화장을 하였고, 화장은 사교를 위한 필수 조건이었음

- 피부는 창백하게 보일 정도로 투명하고 하얗게 표현하였고, 몸의 체취 제거를 위해 향수가 사용되었음

- 신체에는 하얗게 분을 바르고, 이마는 넓고 높게 만들고, 눈썹은 족집게로 정리하여 가늘고 얇은 선을 만들었음

- 머리는 황금색이나 적색으로 염색을 하고 수백 개의 가발을 보유하고 사용하였음

② 바로크(17C)

[그림 4-14] 바로크시대 여왕

· 스페인어 바루카에서 연유한 것으로 '일그러진 진주'를 뜻함

· 조화로운 균형미를 깨고 자유분방한 율동감이 곡선으로 과장되게 표현되었고, 호화로운 장식과 화려한 색채를 강조하였음

· 화려한 의상과 함께 화장이 일반화 되었고, 포동포동하고 성숙한 여인을 선호하였음

· 광택 없이 희게 분을 발라 투명하게, 섬세한 눈썹과 하얀 치아, 황금빛 머리카락으로 마치 백랍으로 만든 인형처럼 보이도록 화장하였음

· 젊고 매력적인 모습으로 보이기 위해 눈 밑, 입가 등에 점을 찍어주는 패치(Patch)가 유행하였음

· 얼굴은 통통하고 몸이 풍만하며 빨간 입술에 약간 튀어 나온 눈과 이중 턱을 가지고 있는 것이 이상적인 미인상이라 여겼음

③ **로코코**(18C)

[그림 4-15] 퐁파두르의 부인

[그림 4-16] 마리 앙뜨와네뜨

- 귀족의 부르주아적 감성과 이국적 취향을 반영하여 밝고 화려하며 세련된 귀족문화가 발달하였음

- 화장품의 제조가 더욱 활발해졌으며 화려하고 무분별한 화장이 극에 달한 시기임

- 화려한 헤어스타일의 가발이 성행하였고, 머리형이 예술적이고 환상적인 것의 극치를 이뤄 높이와 기교에 있어 기능성의 극한점까지 도달한 헤어스타일이 유행하였음

- 하얀 피부를 찬미하여 피부화장을 두껍게 하고 전체적으로 분을 발라 얼굴 바탕을 희게, 관자놀이 부근은 갈색, 입술 주위는 밝은 색조를 띠게 해 광대뼈와 눈 가까이에 볼화장을 하였음

- 남녀 모두 눈꺼풀에 두꺼운 화장을 하고 심지어 여성들은 잠들 때에도 옅은 볼화장을 하였음

- 바로크시대에 시작한 패치는 뷰티 스팟으로 매우 유행하였음

- 1789년 프랑스 혁명으로 인해 귀족사회가 붕괴됨으로써 건강하고 자연스러운 아름다움이 강조되는 메이크업으로 전환되었음

## (4) 근대 시대(19C)

① 엠파이어

[그림 4-17] 왕비 죠세핀

· 프랑스의 산업혁명이 시작되면서 나폴레옹의 시대가 열렸음

· 자유주의를 바탕으로 하는 자본주의 사회가 형성되면서 기성복이 출현하였고, 귀족들은 복식의 호화로움을 가져왔음

· 프랑스 대혁명 이후 창백한 화장이 유행하여 연지를 바르거나 강한 화장은 사라졌음

· 자연스러움만을 강조하여 향수만을 사용하였음

② 로맨틱

[그림 4-18] 빅토리아 여왕

· 귀족들과 성직자들은 계급제도를 다시 수립하고 특권을 부활시켜 사회를 혁명의 위험으로부터 안정시키려 하였음

· 자연주의 사상의 대두와 함께 자연스러운 화장이 주를 이뤘고, 인위적이고 유해한 화장품의 과도한 사용을 자제하려는 분위기가 확산되었음

· 창백한 피부표현과 눈은 안 한 듯 자연스럽게, 볼은 볼 위쪽에 붉게 연출하였음

· 아름다움뿐 아니라 위생과 청결을 중요시 여겨 비누의 사용이 보편화되었음

· 연극이나 무대에서만 두꺼운 화장이 한정되었음

③ 크리놀린

[그림 4-19] 엘리자베트 아밀리에 유제니

· 중산층의 힘이 커져 갔고, 기계에 의한 산업발달과 과학기술이 발달되어 낭만주의에서 리얼리즘 시대로 바뀌어감

· 상류층에서는 화려한 의상을 입고 무도회와 야유회를 참석하는 일이 일상생활이 되었음

· 피부를 촉촉하게 하기 위해 미온수나 자스민과 오렌지를 넣은 물을 쓰고, 밤에는 생고기 또는 달걀흰자로 팩을 하였음

· 영국의 빅토리아 여왕의 영향으로 창백하게 보이기 위해 여성들은 얼굴에 비상으로 표백을 하거나 얼굴에 거의 메이크업을 하지 않고 아주 소량의 향수만을 뿌렸음

④ 버슬

[그림 4-20] 버슬시대복식

- 큰 전쟁 없이 평온하던 시대로 산업의 발전과 함께 도시생활이 확대됨에 따라 일상생활의 형태가 다양해지고 여자의 노동력을 필요로 하는 시대가 되었음

- 빅토리아 여왕의 스타일이 국민의 표준이 되었고, 복식의 형태는 파니에를 이용하여 힙을 강조하는 버슬스타일이 유행하였음

- 화장은 흰 분을 사용하여 얼굴을 하얗게 표현하고, 눈썹은 자연스러웠으나 말기에는 먹물이나 검은 유향으로 눈썹을 강조하였고 화장품의 발달로 립스틱과 볼연지 등이 사용되었음

⑤ S-curve

[그림 4-21] 아르누보 복식

- 예술가들은 식물의 곡선을 모티브로 한 아르누보의 형식을 표현하였고, 여성의 복식에서도 복부를 납작하게 누르고 가슴과 힙을 과장되게 나오도록 하여 S자형태의 스타일을 만들었음

- 인위적이고 유해한 화장품의 과도한 사용을 자제하려는 분위기가 확산되었음

- 산업혁명으로 화학분야에도 급속한 발전을 가져와 화장품의 성분과 제조술이 발달되어 백납보다 안전하고 새로운 분을 만들어 공급하게 되었음

- 화장품이 일반인들에게 널리 보급되어 지면서 질의 향상과 제품이 다양화되었음

- 증기목욕, 염모, 탈모, 마사지 등이 행해졌으며, 색조화장은 자연스러워졌음

- 신조어로 손과 손톱을 손질하는 것을 의미하는 매니큐어란 말이 생겼음

## (5) 현대(20C)

### ① 1900년~자연스러운 메이크업

[그림 4-22] 브로글리 공주(폴 푸아레의 그림)

[그림 4-23] 오리엔탈 스타일

- 아르누보 시대로 인간적이고 정서가 풍부한 시대로, 각국의 왕실과 화려한 사교계의 시대, 낙천적이고 낭비적인 시대, 상류귀족과 미국의 백만장자들이 멋을 즐겼던 최후의 시대임

- 자연에서 영감의 원천을 두고 자연주의적 태도로 임하면서 색채면에서는 인상주의의 영향을 받아 밝고 부드러운 파스텔 색조를 선호하였음

- 독립심이 강한 많은 신여성은 사람들로 하여금 그들 존재를 인식시키고 진지하게 받아들이도록 만들기 시작한 시대임

- 화장이 더 이상 특정 계급의 특권이 아닌 대중화가 되었고, 여성스러움의 상징이었던 단정하고 자연스러운 전통적 화장법에 반발이 일어났음

- 초반에는 청결과 건강함을 강조한 깨끗한 피부에 눈썹만 약간 손질하여 연필로 짙게 그려낸 눈썹만 강조한 자연스러운 메이크업이 유행하였음

- 후반에는 광택 없는 창백한 얼굴과 눈썹은 위로 비스듬하고 선명하게 긴 선으로 그리고 아이섀도우는 황색, 입술은 분홍색이나 붉은색으로 표현하였음

- 1909년 러시아 발레단이 파리 공연에서 선보인 강렬한 색상의 무대의상에서 오리엔탈 붐이 일어나게 되어 일부 선도적인 여성들에 의해 오리엔탈 분위기의 눈화장이 유행하였음

- 무성 영화의 등장으로 대중 스타의 메이크업과 헤어스타일, 패션 스타일에 관심을 가지기 시작하였음

- 화장품 제조 화학이 활발해지자 새로운 화장품이 대거 등장하였고, 기초화장품인 크림이나 로션류가 일반인에게 애용되었고 화려한 색조 화장은 일부 제한된 계층의 여성들에게서 행해졌음

② 1910년~음영 아이 메이크업

[그림 4-24] 폴라 네그리

[그림 4-25] 테다 바라

- 제1차 세계대전 이후 여성의 사회참여가 두드러져 여성운동이 본격화 되고, 여성들이 참정권을 획득하게 된 시기임

- 진보적인 여성들 사이에서 단발머리가 유행하고 젊은 세대는 자유롭고 편안한 복장을 선호하여 활동성 있는 의상이 등장하기 시작하였음

- 화장품 산업의 규모는 작았지만 화장품의 대량생산이 시작되었으며, 손 관리에 대한 관심이 증가하고, 1915년 경 미국에서 립스틱과 아이펜슬이 등장하였음

- 대표적인 여배우는 테다 바라와 폴라네그리가 등장하면서 눈썹은 새까맣게 일자형으로, 그리고 눈 주위로 검은 음영을 강하게 넣어 눈매를 그윽하고 신비롭게 표현하고 입술은 얇지만 뚜렷한 라인을 강조하는 메이크업이 유행하였음

③ 블랙 아이 메이크업

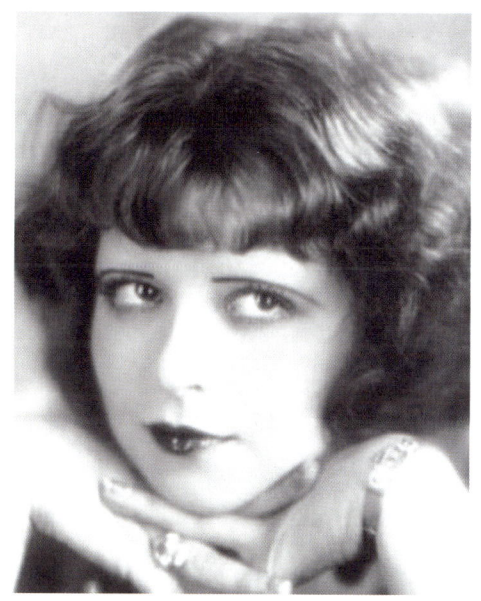

[그림 4-26] 클라라 보우

[그림 4-27] 스완슨

- 사회적·정치적으로 많은 변화가 일어난 시대로 문화와 과학분야에 눈부신 진보의 시대임

- 가정에 라디오가 보급되고 다양한 운송수단이 발전하였고 영화가 본격적으로 대중 오락문화의 역할을 하게 되면서 대중스타가 등장하게 되었음

- 그전보다 많은 화장품을 사용하면서 얼굴을 강조하는 화장으로 선정성이 강한 짙은 메이크업이 성행하였음

- '클라라 보우'는 창백한 입술, 헝클어진 곱슬머리, 크고 게슴츠레한 눈, 빨간 앵두 입술로 성적 매력을 발산하였음

- '글로리아 스완슨'은 세련된 도시 여성의 역할을 하면서 초승달처럼 굽은 눈썹, 윤곽이 뚜렷한 입술, 완벽한 아이 메이크업에 깃털 같은 속눈썹을 붙이고, 애교점을 찍어 유행시켰음

- 1921년 샤넬에서는 향수 No.5를 출시하였고, 1923년 컬래쉬가 발명되었으며, 1925년 폰즈의 콜드크림이 출시되는 등 화장품의 제품이 다양하게 만들어진 시기였음

④ 1930년~가는 아치형 눈썹 메이크업

[그림 4-28] 그레타 가르보

· 대공황으로 실업과 인플레가 늘어났으나 빈곤한 생활과는 대조적으로 영화 산업은 엄청난 속도로 발달하였음

· 영화산업의 발전으로 기성보과 화장품 산업의 발달을 가져왔으나 1939년 제2차 세계대전이 시작되면서 모든 문화는 정지되었음

· 헐리우드 영화의 영향으로 1930년대 초반의 메이크업은 절제되고 자연미를 강조하는 스타일이 유행하였음

· 영화배우들의 스타일에 따라 일반인들의 메이크업은 많은 영향을 받아 '진 할로우'나 '마를린 디히트리'의 여성스러움을 강조한 가는 활모양의 눈썹과 적갈색의 둥그레 그린 눈썹, 아이홀의 깊은 음영과 긴 속눈썹은 청초하미에 더욱 매력을 느끼도록 메이크업을 하였음

· '그레타 가르보'는 눈썹을 한 올 한 올 정교하게 뽑아 가늘고 둥근 아치형으로 그리고 눈뼈 부분의 하이라이트를 강조, 검은색과 흰색으로 음영을 강조한 아이 홀 메이크업을 유행시켰음

⑤ 1940년~관능적이면서 생동감 있는 메이크업

[그림 4-29] 핀업 걸

[그림 4-30] 리타 헤이워드

· 제2차 세계대전으로 인해 경제, 사회, 문화가 모두 공황상태였음

· 전쟁 중 군인의 영향으로 성적 매력이 있는 여성들의 이미지가 이상적인 스타일로 꼽히면서 관능적인 모습의 핀업 걸이 등장하였음

· 두껍고 뚜렷한 곡선형의 관능적인 눈썹, 아이펜슬로 눈꼬리 부분은 치켜 올려 눈을 강조하는 메이크업이 유행하였음

· 컬러 필름의 개발로 미국 영화배우 스타일이 대중들에게 부각되기 시작하면서 세련되고 감성적이며 친근감 있는 여성상을 소개하였음

· 영화 분장용으로 두꺼운 피부를 표현하기 위해 팬 케이크가 발달하였고, 남성들도 위장을 하기 위한 화장을 하였음

⑥ 1950년~우아미와 관능미가 공존

[그림 4-31] 오드리 햅번

[그림 4-32] 마릴린 먼로

- 소비자 중심주의 사회가 되었고 소비를 강조하는 경제 바람이 불기 시작하여 미국에서 신용카드 제도가 도입되었음

- 가정용 전자 제품과 자동차 산업이 크게 발전하였고 1954년 TV를 통한 광고가 대중에게 많은 영향을 끼쳤음

- 전쟁이 끝나고 남성들이 다시 사회로 돌아오면서 가정적이고 순종적인 여성을 바람직한 사회의 이상형으로 꼽았음

- 여성의 패션과 메이크업은 남성들에게 잘 보이기 위한 여성의 가치를 높이는 중요한 수단이 됨에 따라 성숙하고 우아한 이미지의 여성을 나타내는 메이크업이 유행하였고, 조각 같은 아름다움이 다시 대두되어 얼굴을 인위적으로 가꾸도록 유도하였음

- 앞머리를 짧게 잘라 내려놓은 실용적인 짧은 헤어컷 스타일인 '햅번 스타일'이 등장하여, 소녀 같은 이미지의 굵은 눈썹 메이크업을 유행시켰음

- '마를린 먼로'는 밝은 색 피부톤에 약간 인위적인 메이크업으로 바깥쪽으로 치켜 올린 눈썹산, 길고 가는 아이라인, 눈 바깥쪽으로 길게 붙인 속눈썹, 보트형의 붉은 입술, 입가의 애교점 등 섹시한 이미지의 메이크업을 선보였음

- 1950년대 말 립스틱이 계절에 따라 다양하게 여러 가지 색상의 트랜드로 소개 될 정도로 의상과 메이크업 색상의 조화로운 조합의 중요성을 강조하였음

⑦ 1960년~바나나 형태의 아이홀과 속눈썹을 강조

[그림 4-33] 재클린 케네디

[그림 4-34] 트위기

· 베이비 붐 세대가 청소년층으로 등장하여 전체 인구의 높은 비율을 차지한 시기로 생동감과 젊음이 넘치는 시대였음

· 대량생산과 대량소비 시대로, 대중 문화가 급속히 발달하며 1960년대 중반 이후 3C(Color TV, Car, Cooler)의 시대가 되었음

· 옵아트, 팝아트, 미니멀리즘 같은 현대적 감각의 예술 사조가 성행하였음

· 젊은 세대들은 소비력이 큰 주요한 구매 세력으로 업계는 이들 세대의 시장을 점유하기 위해 많은 제품을 개발하고 다양한 트렌드를 제시하였음

· 1960년대 초 미국의 퍼스트 레이디가 된 재클린 케네디의 영향을 받아 특유의 의상, 헤어스타일, 깨끗한 피부, 진한 마스카라로 강조한 눈, 황갈색의 립스틱을 사용해 건강하면서도 고상한 그녀의 이미지를 유행시켰음

· 1960년대 중반으로 갈수록 장식화, 상업주의적 패션 산업의 영향으로 화장은 더욱 극단적이며 대담하게 전개되었음

· 모델 '트위기'는 말괄량이 같은 짧은 헤어, 반짝반짝 빛나는 핑크빛 입술, 속눈썹 위에 메이크업을 해 훨씬 더 인상적으로 만들어진 둥글고 맑은 티없는 눈망울, 가짜 주근깨를 만들어 순진한 사춘기 소녀 이미지를 유행시켰음

⑧ 1970년~건강한 메이크업과 펑크족

[그림 4-35] 펑크족

· 불경기와 오일 쇼크, 인플레 현상으로 불황의 시기였음

· 1960년내에 비해 사언스러운 메이크업이 등장하여 피부건강을 중시하면서 아이홀을 강조하는 새도우를 하고 아이라인은 거의 손대지 않았음

· 사회에 대한 반항과 분고, 좌절을 펑크와 같은 혐오스러운 복장과 머리 형태로 표출하면서 펑크족이 유행하였음

· 다양한 스타일이 공존하며 펑크 스타일, 집시 스타일, 메탈 룩, 페미닌 스타일, 아방가르드 스타일 등이 공존하였음

· 1970년대 후반에는 광택있는 볼화장과 반투명 립글로스가 등장하였음

⑨ 1980년~강렬하고 화려한 색조 메이크업

[그림 4-36] 마돈나

[그림 4-37] 소피 마르소

- 다원화 양상을 나타내는 포스트 모더니즘이 성행하면서 예술과 일상생활의 경계를 없애거나 고급 예술과 대중문화 사이의 차이를 줄이면서 예술과 대중문화를 동일시하였음

- 화려하면서 강한 이미지의 메이크업이 유행하였고, 컬러 TV의 영향으로 여성들의 화장이 더욱 개성화·다양화되었음

- 여권이 신장된 사회로 여성들은 남자들과 같이 경쟁을 하면서 강한 이미지로 보여지기 위해 눈썹을 진하고 두껍게, 입술도 진하게, 단호하면서도 강인한 여성의 이미지를 부각시켰음

- 직업 여성의 경우 잘 가꾼 피부색이 빛나 보이도록 하는 자연스럽고 투명한 메이크업을 선호하였음

- 1980년대 초반에는 베이비 돌 같이 관능적이며 짙은 화장을 한 여성이 인기를 끌었음

- 1980년대 중반에는 복고풍의 영향으로 섹시하고 글래머러스한 화장이 유행하였음

- 미국의 팝 가수 '마돈나'의 에로틱한 란제리 룩과 육감적인 화장이 큰 인기를 끌었음

- 1980년대 후반에는 프랑스의 여배우 '소피 마르소'의 영향을 받아 깨끗하고 자연스러운 메이크업이 새로운 유행으로 자리잡았음

⑩ 1990년~누드 메이크업의 슈퍼모델 시대

[그림 4-38] 케이트 모스

- 20C 말 소련의 해체로 미국과 소련의 양자 대립 구도가 무너지면서 미국이 전 세계의 맹주로 존재하였다.

- 고도로 산업화된 물질문명과 개인주의에 반하는 과거를 회상하면서 환경에 대한 관심이 증가하였음

- 에콜로지와 복고풍의 영향으로 원색보다는 그린이나 브라운 같은 자연색이 인기를 끌었음

- 10대에서 20대 초반 연령대에서 화장의 색조도 엷어지고 가벼워졌으며, 피부도 투명하게 표현, 눈썹과 입술은 아주 흐리게 그리는 내추럴한 누드 메이크업이 유행하였음

- 1990년대 말 미래에 대한 기대감으로 펄과 글리터를 이용한 사이버틱 메이크업이 등장하였음

- 여배우 뿐만 아니라 '신디 크로포드', '나오미 캠벨', '클라우디아 쉬퍼'등의 모델들이 패션리더로 각광받기 시작하였음

⑪ 2000년~피부 건강을 생각하는 웰빙 메이크업

[그림 4-39] 미래 지향적 메이크업

· 다양한 스타일이 공존하는 시기로, 인터넷의 발달로 인해 유행의 흐름이 빠르게 진행되고 있음

· 웰빙 시대의 대두로 인해 피부 건강에 치중하고 있음

· 남성들도 자신의 외모가 사회적 경쟁력이라는 인식이 팽배하여 그루밍(Grooming)족이 등장하였음

· 내추럴한 경향의 투명 메이크업과 로맨틱한 메이크업이 인기를 끌고 있음

## 2) 한국 메이크업의 역사

고대 동양에서는 한국, 중국, 일본의 화장에 대한 기록은 많지 않으며, 고분벽화 등 유물의 부분적으로 남아 있다. 동양 3국은 종교나 경제, 문화, 사회적 의식에 따라 화장법이 달라졌다. 한국의 역사는 선사시대의 구석기 시대, 신석기 시대, 상고시대의 청동기, 고조선, 철기시대, 고대의 삼국시대, 남북국 시대와 고려시대, 조선시대, 근대의 대한제국수립과 현대의 대한민국까지 구분되어 진다.

### (1) 상고시대 – 백색 피부 선호

청동기 시대부터 초기 국가성립까지 시대로 기원전 약 2000년~서기 300년경의 시기에 해당된다.

- **단군신화** : 환웅이 인간이 되고자 하는 곰과 호랑이에게 쑥과 마늘을 주면서 백일 동안 햇빛을 보지 말도록 한 것이 백색 피부 선호사상을 엿볼 수 있다.

- **쑥** : 목욕 시 달여서 사용, 미백효과와 잡티제거, 피부병의 예방효과로 쓰며 피부의 미백효과를 기대했다.

- **마늘+꿀** : 스콜진의 작용으로 마늘을 찧어서 꿀과 섞어 발라 씻어내 피부미백 외에 잡티, 기미, 주근깨 등을 제거기도 하였다.

- **고조선** : 향유 또는 향료를 발견하였다.

- **부족국가 시대**

  - **읍루** : 가공된 돼지기름(돈고)으로 햇볕과 눈 그을림을 예방하고 피부를 희고 부드럽게 하고 동상도 예방하였다.

  - **말갈** : 오줌으로 세수하여 피부미백의 수단으로 삼았다.

  - **삼한** : 변한인들이 새긴 문신도 원시치장의 한 형태로 기록되어 있다.

  - **낙랑** : 이마가 넓고 눈썹이 굵고 진하게 표현, 머리는 정돈된 단정한 차림이었다.

> - 문신은 신에 대한 숭배, 종족을 표시하는 수단이나 위장을 위한 표현 방법으로 발달하였다.
> - 고대의 한국인들은 겨울에 피부를 보호할 줄 알았고, 계급과 신분에 따라 치장을 달리 하였으며, 돌, 조개껍데기, 짐승의 뼈로 장신구를 만들어 패용하면서 흰 피부로 가꾸기도 했다.

## (2) 고대(삼국시대) – 불교의 영향으로 엷고 평면 화장 유행

| | |
|---|---|
| **고구려**<br>(B.C 37~<br>A.D 668)<br>연지화장 | • 고분벽화 등을 통해 뚜렷한 당시의 화장 형태를 살필 수 있다.<br><br>• 평안도 수산리 고분벽화의 귀부인 상 : 여인의 머리에 관을 쓰고 뺨과 입술에 연지화장을 하고 있어 주술적 의미가 있다.<br><br>• 쌍용총 고분벽화의 여인상 : 여관 혹은 시녀로 보이는 여인들이 보름달처럼 둥근 얼굴형, 뺨과 입술에 연지화장, 눈썹은 짧고 뭉툭하게, 눈꼬리 부분에 오렌지 색으로 화장을 하고 있다.<br><br>• 삼국사기 : 무녀와 악공이 연지화장을 하고 있다.<br><br>• 후한서 : 신분과 직업에 따라 각기 다른 치장을 하고 있다. 주사로 연지를 제조하여 일본에 제고 기술을 전하였다. 머리를 곱게 빗고, 눈썹을 짧고 뭉툭하게 다듬었으며, 뺨에 연지화장을 하고 있다. 또한 무인들은 머리카락을 뒤로 틀고 연지를 이마에 바르고 금당으로 머리를 꾸민 것으로 보아 신분·빈부의 구별 없이 치장에 열중하였음을 알 수 있다. |
| **백제**<br>(B.C 18~<br>A.D 660)<br>엷고 은은한<br>화장 | • 화장문화에 대한 구체적인 기록이 적어 가늠하기 어려우나 일본의 화한삼재도회에 일본이 백제로부터 화장기술과 제조기술을 배워간 다음 화장을 시작했다는 기록이 있어 화장기술이 상당히 발전했으리라 추측된다.<br><br>• 중국 명대의 삼재도회에 백제의 화장 경향을 시분무주, 분은 발랐으나 연지는 바르지 않았다는 기록이 남아있다. |
| **신라**<br>(B.C 57~<br>A.D 668)<br>향과 목욕의<br>대중화<br>(영육일치사상) | • 영육일치사상이 국민사상으로 자리 잡아 남녀가 깨끗한 몸과 단정한 옷차림을 추구하였고, 일찍 화장과 화장품이 발달하였다.<br><br>• 남성 화랑들도 여성 못지않은 화장을 하고, 귀고리·가락지·팔찌·목걸이 등의 장신구로 장식을 하였다.<br><br>• 청결과 청정을 강조하여 목욕의 대중화를 이루었고, 화장은 엷게 하는 것이 유행하였다. |

[표 4-1] 고대 메이크업의 역사

### (3) 통일신라시대(A.D 669~935) - 짙고 화려한 색조화장

고대의 정치문화가 통합된 시기로 당과의 문화 교류가 활발히 움직였다. 그로 인해 정치적으로 안정되자 사치스럽고 화려한 치장에 어울리는 화려한 미용법이 개발되었다.

- 신라인의 치장은 의상·장신구·화장이 삼위일체였다.
- 중국 당나라의 매우 짙고 화려한 색조화장이 도입되었다.
- 흰 피부와 붉은색을 염색한 색분을 제조하여 연지와 함께 볼연지로 사용할 정도로 연분의 제조 기술이 보편화되었다.
- 무용수나 화랑의 남성들도 화려한 장신구와 의상, 화장으로 치장을 하였다.

### (4) 고려시대(918~1392) - 여성 화장의 이원화(분대화장, 담장)

- 신라인의 영육일치 미의식이 그대로 전승·발전 되었다.
- 고려의 화장 문화는 외형상으로는 사치스럽고, 내면적으로는 탐미주의 색채가 농후하여 여염집 부인은 옅고 우아한 화장, 기생은 넓은 곡선형과 가늘고 선명하게 강조하는 화장이 유행하였다.
- 손이나 얼굴에 발랐던 액체상태의 화장품인 면약이 널리 사용되고 족집게, 손톱 다듬기, 화장 용기함의 화장품 또한 발전하였다.

### (5) 조선시대(1392~1910) - 여인상과 미인상의 양분화

- 조선 초기 시대의 지배층은 고려 시대의 사치와 퇴폐 풍조에 대한 반작용으로 근검, 절약을 강조하였다.
- **유교윤리 장려**: 여성의 외적 아름다움보다는 내면의 아름다움이 강조되어 화장을 천한 행위로 인식하였다.
- **남녀 치장의 이중 구조** : 평상시의 치장과 의례 치장으로 구분하였다.
- **여염집 여인** : 평상시에는 화장을 하지 않고 연회나 나들이 때만 화장을 하였다. 분대화장을 기피함으로써 여염집 여성들의 생활화장과 기생, 궁녀 등 특수층 여성의 의식화장의 구분이 더욱 뚜렷해졌다.
- 화장품 행상인 매분고, 생활용품을 파는 방물장수를 통해 방문 판매가 성행했으며, 궁중에 화장품 생산을 전담하는 관청을 보염서라고 하였다.
- '화미십교'라는 열 가지 눈썹 형태와 화장품 제조 방법이 기록 될 정도로 화장품 제조기술이 발달하였다.

> **\* 화장의 농도에 따른 표현**
> 
> · 담장 : 오늘날의 기초화장으로 피부를 희고 깨끗하게 가다듬는 정도의 간단한 화장
> · 농장 : 담장보다 더 짙은 화장으로 오늘날의 색조화장
> · 염장 : 요염한 색채를 표현한 짙은 색조화장
> · 응장 : 농장과 비슷하나 더욱 또렷하게 꾸민 화장, 혼례화장
> · 야용 : 억지로 아름답게 꾸민다는 의미로 지나치게 짙은 화장

## (6) 개화기 이후(현대)

| | |
|---|---|
| 1900~1919년 | · 1876년 강화도 조약에 따른 개항 이후 개화기가 빠르게 진행되면서 여성의 화장문화에도 변화가 왔다.<br>· 처음에는 주로 일본과 청나라로부터 유입되어 백분, 크림, 비누, 향수를 사용하였다.<br>· 수공업 단계의 화장품산업으로 신여성을 중심으로 개량 한복과 양장 착용이 확대 되었다. |
| 1920~1939년 | · 1922년 가내수공업으로 제조되기 시작한 박가분이 정식으로 국산화장품으로 제조허가를 받았다.<br>· 배달기름(머릿기름), 연부액(미백로션), 유액(밀크로션), 연향유 말기름을 시판되었다.<br>· 1933년 새로운 화장기술과 바니싱 크림 등의 신식 화장품이 소개되며 아랫입술에만 연지를 빨갛게 바르고 눈썹을 초승달 모양으로 그리는 화장법이 유행하였다.<br>· 신식화장법 : 분세수 후 백분을 바르고 눈썹을 다듬었으며 입술연지의 색상을 진하게 바르고, 머릿기름을 발라 윤기 있고 건강한 이미지를 표현하였으며 향수와 비누의 향기 강해졌다. |

| | |
|---|---|
| 1940년대 | · 현대식 화장법이 도입되었다.<br>· 8·15 해방 이후 일제 화장품 위주의 시장에서 국산 화장품 시장으로 전환하며 화장품의 기능이 세분화 되었다.<br>· 자유롭고 평등한 민주주의적인 제도가 마련되었다.<br>· 얼굴을 희게 하고 눈썹은 반달 모양으로, 아이라인과 마스카라를 강조한 포인트 화장, 볼연지와 붉은 입술 화장이 유행하였다. |
| 1950년대 | · 6·25 전쟁 반발로 국산 화장품 산업이 위축되었으나 전쟁 후 수입 화장품과 밀수 화장품, 미국의 PX 유출품의 범람이 가속화되며 화장품 시장을 장악하였다.<br>· 콜드크림으로 마사지, 매끈하고 번들거리는 화장법이 미국 잡지와 영화의 영향을 받았다.<br>· 굵고 확실한 눈썹, 쇼트 헤어스타일, 핑크 계열의 립스틱이 유행하였다.<br>· 오드리 햅번 등 영화 스타의 모방이 헤어, 복식, 화장에 유행을 가져왔다.<br>· 포마드, 바니싱 크림, 물분, 머릿기름을 제조하고 판매하였다. |
| 1960년대 | · 정부의 국산 화장품 보호정책에 따라 화장품 산업은 정상 궤도에 진입하였고, 국산 화장품 생산이 본격화 되었다.<br>· 색조 화장품을 생산하면서 화장기술에 변화가 생기고 화장품 산업의 기반을 구축하였다.<br>· 바니싱 크림과 백분의 소비량이 격감한 가운데 액상 색분(파운데이션)의 수요가 급증하고, 입술연지가 고형으로 바뀌고 아이섀도가 등장하여 색조화장이 시작되었다.<br>· 국민들의 소득 향상으로 매스 미디어가 대중문화를 선도하면서 화장문화에도 많은 변화를 가져왔다.<br>· 인조 속눈썹의 사용으로 꾸민 인위적인 느낌을 추구하며, 수정화장이 더해져 세련된 느낌을 주는 화장이 유행하였다. |

| | |
|---|---|
| 1970년대 | · 1971년 화장품 회사의 메이크업 캠페인(오 마이 러브)으로 색채화장에 대한 거부인식을 불식시키고 입체화장이 생활이 되었으며, 의상의 유행이 화장에도 영향을 미치기 시작하여 의상에 맞추어 화장하는 토탈코디네이션이라는 말이 등장하는 등 화장품 산업의 성장기였다.<br>· 새마을 운동으로 도시화·산업화 가속화, 물질만능주의의 팽배, 이기주의가 확대되면서 청바지와 통기타, 장발, 미니스커트를 상징하는 청년문화의 시대였다.<br>· 샴푸, 바디 제품, 팩 제품 등의 화장품 시장이 급격히 성장하였고, 인조 속눈썹, 아이라이너, 매니큐어가 보급되면서 부분화장이 강조되었다. |
| 1980년대 | · 화장을 하는 인구가 증가하면서 고령화·저령화 현상이 촉진되었으며, 남성화장이 보급되기 시작하였다.<br>· 해외동포의 귀국과 동시에 해외와의 교류도 빈번하여 세계의 화장 패턴 소식이 한국에도 유입되었다.<br>· 국민 소득의 향상과 컬러TV의 방영으로 색채에 대한 수요가 복식과 화장에 폭발적으로 일어나고, 매스미디어의 보급이 보편화·대중화가 되면서 화장에서도 색상 사용이 다양해졌다.<br>· 화장품의 품질이 향상되어 1983년 이후 화장품의 수입자유화가 부분적으로 이루어졌고, 1986년에는 전면적으로 수입자유화가 이루어졌다.<br>· 1988년 서울 올림픽이 개최되면서 외국 여행 자율화로 국제 교류가 활발해졌다.<br>· 1980년대 후반부터 유럽의 메이크업 정보가 많이 유입되면서 일본보다 유럽의 영향을 많이 받기 시작하였고, 과감한 컬러와 섀딩이 돋보이는 입체 메이크업과 눈썹은 짙고 입술은 붉게 하면서 평면적인 동양인의 얼굴에 입체감을 주었다. |

| | |
|---|---|
| 1990년대 | · 매스미디어의 발달로 메이크업에 대한 관심도가 크게 증가하고 시장개방으로 무한경쟁 시대, 화장품 생산의 고급화 시대가 되었다.<br>· 패션의 흐름과 더불어 메이크업도 유행을 창출하고 선도하였으며, 라이프스타일의 변화에 따라 이성보다는 감성을 중요하게 되었다.<br>· 인구 문제와 식량 위기, 자원 개발, 자연 파괴 등 지구 온난화와 오존층 파괴로 환경 문제가 부각되었다.<br>· 고령화 사회 진입과 에콜로지의 경향으로 건강에 대한 관심과 자연보호에 대한 의식이 고조되면서 베이지, 오렌지, 브라운 계열을 중심으로 한 자연스러운 색조가 강세를 보이면서 개개인의 개성을 살린 메이크업이 유행하였다.<br>· 1990년대 후반의 패션은 어두운 무채색 계열로 나타낸 몸의 곡선을 가린 신비하고 퇴폐적인 분위기가 오리엔탈리즘과 결합되어 풍부하고 깊이 있게 표현되었다.<br>· 오리엔탈 패션테마에 맞추어 한국적인 것을 모던하게 표현하게 되어 의상과 함께 창백한 피부톤, 가는 아치형의 검은 눈썹, 붉은 립스틱 메이크업도 나타났다. |
| 2000~2009년 | · 개성화 시대, 미래 지향, 개인의 삶과 가치에 영감을 주는 '감성 소비 시대'가 시작되면서 웰빙 열풍이 불어 식물성 화장품이 선호되었다.<br>· 청소년의 메이크업이 일반화되고, 남성의 메이크업이 확대되어 관련 화장품 시장이 급속도로 확산되었다.<br>· 베이지, 핑크, 오렌지, 로즈 색상 등 피부 본연의 투명감을 살린 자연스러운 메이크업이 유행하였다.<br>· 2005년 이후 한류 열풍을 인해 한국 연예인의 메이크업과 패션이 세계의 관심을 끌기 시작하였다. |

| | |
|---|---|
| 2010년 이후 | · 디지털 정보 기술의 발전과 더불어 화장품 산업도 특정 유행보다는 개인의 개성이 존중받는 시대로 기능성과 감성이 부각되어지고 있다.<br>· 환경과 생태계를 고려한 친환경 화장품이 출시되면서 메이크업을 하지 않은 것처럼 색조보다는 깨끗한 피부를 강조하는 최대한 자연스러운 화장법을 선호한다.<br>· 특정 유행보다는 개인의 개성이 존중받는 시대이다. |

[표 4-2] 현대의 메이크업의 역사

### ❹ 메이크업 종사자의 자세

고객과의 상담(T.P.O : Time, Place, Object)과 분석(얼굴 형태, 피부 상태, 스타일, 이미지, 얼굴 특성)을 통해 안정감 있고 위생적인 환경에서 인체를 대상으로 서비스를 제공하며 메이크업 업무 수행을 위해 메이크업 디자인을 기획하고 관리해야 한다.

#### (1) 메이크업실 위생관리

- 메이크업 시설, 설비, 도구 및 기기 등을 소독하거나 먼지를 제거하여 작업환경의 청결을 유지한다.
- 메이크업 시행에 필요한 위생관리 점검표를 사용해 메이크업실 환경을 점검·관리할 수 있다.
- 상담실, 제품보관실, 메이크업 작업환경의 실내 공기를 환기시키고, 청결히 청소한다.

#### (2) 메이크업 재료·도구관리

- 메이크업 도구관리 체크리스트에 따라 사전점검 작업을 실시하고, 메이크업 시행 순서에 따라 도구를 준비한다.
- 고객에게 제공되는 재료, 도구를 청결히 준비한다.

#### (3) 고객 응대

- 메이크업숍 고객 서비스 매뉴얼을 작성한다.
- 고객의 예약시간, 대기상황, 전담 작업자, 메이크업 절차 등을 고객에게 안내할 수 있다.
- 메이크업 서비스에 대한 고객의 요구와 문제 상황에 대응할 수 있다.

#### (4) 메이크업 작업자 위생관리

- 고객에게 제공되는 재료, 도구, 기기 등을 청결하게 관리하여 제공할 수 있다.
- 고객에게 청결한 인상을 줄 수 있도록 구강, 손, 복장을 관리한다.
- 고객 위생과 관련한 감염관리 지침개발과 예방교육을 실시한다.

## (5) 작업자의 고려사항

숙련된 기술을 갖추고 고객에게 능숙한 실력으로 서비스를 해야 하며, 고객, 고용주 그리고 동료들 사이에서의 품행에 관해 지켜야 할 준수사항을 만들어 습관화 하여야 한다. 성공적인 마케팅도 전문가적인 메이크업 미용인의 자세라 할 수 있으며, 전문인으로써 정직, 공평, 공손 그리고 상대방의 생각이나 권리에 대하여 존경할 줄 아는 마음가짐인 윤리를 갖추어야 한다. 기술적 측면과 예술적 감각도 중요하지만 메이크업 작업자, 메이크업 재료, 도구, 기기 등의 위생관리 업무에 각별히 신경을 써야 한다.

· 환경위생관리 등을 근거하여 준수하여야 한다.
· 메이크업 숍 위생관리 점검표 내용을 고려해야 한다.

① 메이크업의 도구 관리에 있어 다음의 사항에 유의한다.

· 메이크업 브러시에서 브러시 모질에 맞는 세척 세제 구분과 관리 방법을 고려해야 한다.
· 메이크업 브러시 외의 도구 세척 시 세제 구분과 관리 방법을 고려해야 한다.
· 메이크업 브러시와 그 외의 도구 세척은 작업자의 스케줄 상황을 고려해야 한다.

- 재료 및 도구를 위생 소독하여 작업을 용이하게 진행할 수 있도록 정리해야 한다.
- 작업의 내용과 성격에 따라 재료와 도구에 대해 분류표를 작성하여 관리할 수 있다.
- 메이크업숍의 쾌적한 실내공기를 위해 주기적인 환기를 실시하며, 공기청정기나 냉온풍기의 필터를 수시로 점검하고 교체하여 유지·관리하여야 한다.
- 구취와 체취를 수시로 점검하여 담배냄새나 음식냄새가 나지 않도록 구강청결에 신경을 쓴 후 고객을 맞이하도록 한다.
- 메이크업 서비스 종사자는 작업의 능률성과 안정성을 고려하여 너무 높은 굽의 신발, 노출이 심한 의상 등은 삼간다.
- 메이크업 서비스 종사자는 건강을 위해 주기적인 건강관리로 연 1회 이상의 건강검진을 받도록 한다.
- 접객용으로 사용되는 접시류도 깨끗하게 세척하여 소독기에 보관하여 사용하도록 한다.
- 청소점검표에 의해 미용업소의 입구, 데스크, 고객 대기공간, 작업 공간, 화장실, 제품 준비실, 직원 휴게실 등을 수시 또는 주기적으로 청소하고 소독해야 한다. 특히, 작업 공간은 매 작업이 끝나면 즉시 정리·정돈함을 원칙으로 한다.

② 평가자는 다음 사항을 평가해야 한다.

- 도구, 기기 등의 세척, 관리 방법의 선택과 숙련도

- 실내의 청결도

- 재료, 도구, 기기관리 체크리스트에 따른 평가

- 메이크업 재료, 도구, 기기 정리정돈 상태

- 메이크업 도구, 기기에 대한 소독기의 사용법과 위생상태

- 메이크업 숍 시설의 청결 관리 체크리스트에 따른 평가

- 위생과 소독에 관한 기본지식

- 위생법규의 이해

- 개인 위생관리 체크리스트에 따른 평가

- 위생에 대한 메이크업 작업자의 자세

- 메이크업 작업자의 복장, 위생상태

chapter 2
# 메이크업의 기초 이론

## ❶ 골상(얼굴형의 이해)

### (1) 얼굴 구조의 이해

얼굴에서 튀어나오거나 들어간 부분을 파악하는 골상학의 이해를 통해 메이크업의 이미지와 캐릭터를 표현할 수 있다.

| 분류 | | | 특징 |
|---|---|---|---|
| 두개골 | 두골 | 전두골 | - 이마뼈<br>- 눈썹의 융기와 안와의 위쪽을 형성 |
| | | 두정골 | - 마루뼈, 머리뼈의 측면과 정수리 부분의 뼈<br>- 두개골 측면과 정수리 형성 |
| | | 후두골 | - 두정골의 뒤쪽부분에 위치<br>- 목과 척추에 신근이 붙어 있어서 매우 거침 |
| | | 사골 | - 안면의 원추형을 한 내면<br>- 누골과 함께 양 눈의 간격을 형성 |
| | | 측두골 | - 관자뼈<br>- 양쪽귀 윗선을 따라 이마를 중심으로 양쪽 측면에 위치<br>- 측두골에서 하악골까지 연결하여 턱을 당기거나 다무는 기능 |
| | | 접형골 | - 나비 모양과 유사하여 나비뼈라고도 부름<br>- 머리 바닥 앞 중앙 부분에 위치 |

| 분류 | | | 특징 |
|---|---|---|---|
| 두개골 | 안면골 | 상악골 | - 6~12세 사이에 자라나며 위턱뼈 형성<br>- 좌우 한 쌍의 상악골이 중앙에서 만나 위턱을 이룸 |
| | | 협골 | - 양쪽 광대뼈<br>- 뺨의 형태를 만들며 상악골의 협골돌기와 측두골이 협골궁을 이룸 |
| | | 하악골 | - 아래턱뼈<br>- V자 모양, 납작하고 폭이 넓게 갈라짐<br>- 안면골에서 가장 크고 강한 뼈<br>- 얼굴형을 형성하는 중요한 요소(긴형, 역삼각형, 사각형 등의 얼굴형 결정) |
| | | 비골 | - 코뼈<br>- 두 개의 비골이 비량(콧등)형성 |
| | | 서골(보습뼈) | - 사다리꼴 모양 뼈<br>- 콧마루를 이루는 한 개의 뼈 |
| | | 누골 | - 좌우에 1쌍씩 있는 직사각형 판 모양으로 눈구멍의 안쪽 벽을 이루는 얇은 뼈 |
| | | 구개골<br>(입천장) | 입천장 앞쪽 단단한 부분에 있는 한 쌍의 납작한 뼈 |
| | | 하비갑개<br>(아래코선반뼈) | 좌우 양쪽의 코 속 아래 바깥쪽에 있는 조가비 모양 뼈<br>- 상악골과 구개골에 부착 |

[표 4-3] 얼굴 구조의 이해

## (2) 얼굴의 근육

얼굴의 근육은 뼈와 피부 사이에 위치하여 음식 씹기, 눈 감기 등의 역할과 얼굴의 표정을 조절하는 역할(표정근)을 한다. 입, 눈, 코, 이마, 귀로 향하는 근육들로 이루어져 있다.

| 분류 | | | 기능 |
|---|---|---|---|
| 두개근 | 후두<br>전두근 | 전두근 | - 앞이마근(이마 힘살)<br>- 눈썹을 위로 올려 이마에 가로주름을 만듦<br>- 놀란 얼굴 혹은 찌푸린 표정 |
| | | 후두근 | - 뒤통수근<br>- 찌푸른 표정 |
| 눈꺼풀 틈새<br>주위 근육 | 안륜근 | | - 눈 둘레근<br>- 눈을 감을 때 작용, 눈물을 흘리게 함<br>- 이마의 세로주름을 만듦<br>- 곁눈질할 때 |
| | 추미근 | | - 눈썹주름근<br>- 눈썹의 안쪽 끝을 아래로 잡아 당겨 미간 주름을 만듦<br>- 걱정하는 표정 |
| | 비근근 | | - 눈살근<br>- 눈썹 안쪽을 잡아 당겨 콧등에 미간 주름 만듦<br>- 코에 세로 주름을 만듦 |
| 콧구멍<br>주위 근육 | 비근 | | - 콧구멍 앞으로 넓게 퍼져서 콧구멍이 벌어지게 함 |

| 분류 | | 기능 |
|---|---|---|
| 입술 틈새 주위 근육 | 구륜근 | - 입둘레근<br>- 입술을 작게 오므리거나 닫는 역할<br>- 휘파람 불 때 작용 |
| | 소근 | - 입꼬리 당김근<br>- 입꼬리를 바깥쪽으로 잡아당김<br>- 삐죽거리는 표정<br>- 보조개를 만듦 |
| | 소광대근 | - 소관골근, 작은광대근<br>- 윗 입술을 뒤, 위로 당김/ 부정적인 표정 |
| | 대관대근 | - 대관골근, 큰 광대근<br>- 입 바깥쪽 위치<br>- 밝은 표정(미소, 웃음) |
| | 상순비익거근 | - 윗입술이근, 콧망울 광대근<br>- 윗입술을 당기는 근육 |

| 분류 | | 기능 |
|---|---|---|
| 입술 틈새 주위 근육 | 구각하제근 | - 입꼬리 내림근<br>- 얼굴 표정 근육<br>- 슬픈 표정<br>- 광경근이 도움을 줌 |
| | 구각거근 | - 입꼬리 올림근<br>- 입꼬리를 올림 |
| | 하순하제근 | - 아랫입술 내림근<br>- 입을 향하는 근육, 운동 시 보조개 만듦 |
| | 이근 | - 턱끝근<br>- 아랫입술을 앞으로 내밈<br>- 의심스러운 표정이나 부정적인 표정 |
| | 협근 | - 볼근<br>- 뺨의 넓고 얇은 근육<br>- 볼을 오므리거나 빵빵하게 만드는 근육<br>- 씹기 근육에 도움 |
| | 상순거근 | - 윗입술 올림근<br>- 윗 입술을 당기는 근육 |
| | 광경근 | - 넓은 목근<br>- 아래턱뼈를 아래로 내리는 것에 도움 |

| 분류 | | 기능 |
|---|---|---|
| 저작 근육<br>(씹기 근육) | 측두근 | - 관자근<br>- 커다란 부채꼴 모양 |
| | 교근 | - 깨물근<br>- 교근이 많을수록 사각턱이 됨<br>- 음식물을 씹을 수 있게 해주는 근육 |
| | 내측익돌근 | - 안쪽 날개근<br>- 아래턱을 내밀거나 올림 |
| | 외측익돌근 | - 바깥쪽 날개근<br>- 움직이고 입을 열기 |

[표 4-4] 얼굴의 근육

## ❷ 얼굴형 및 부분 수정 메이크업 기법

### (1) 얼굴의 이상적인 비율

얼굴의 균형도를 정확하게 파악하여 이상적인 균형 비율을 통해 단점을 수정, 보완하고 장점을 살려 아름답고 균형있는 얼굴로 표현한다. 얼굴의 각 부분 간의 이상적인 비율을 그림으로 표현한 것을 페이스 프로포션이라고 한다.

① 얼굴 길이의 3등분(가로분할)

이상적인 얼굴의 비율은 얼굴 길이를 가로로 3등분 했을 때 길이가 모두 동일해야 한다.

- 1등분 : 헤어라인 ~ 눈썹(상안)
- 2등분 : 눈썹 ~ 코끝(중안)
- 3등분 : 코끝 ~ 턱 끝(하안)

② 얼굴 너비의 5등분(세로분할)

이상적인 얼굴의 비율은 세로로 5등분 했을 때 너비가 모두 동일해야 한다.

- 1등분 : 귀 ~ 눈꼬리
- 2등분 : 눈꼬리 ~ 눈머리
- 3등분 : 눈머리 ~ 반대눈머리
- 4등분 : 반대눈머리 ~ 반대눈꼬리
- 5등분 : 반대눈꼬리 ~ 반대 귀

③ 눈썹의 위치

콧볼에서 눈썹 앞머리에 수직으로 올라간 선과 눈썹꼬리에서 사선으로 콧방울 방향으로 만나는 지점으로, 대략 45도의 각도이다.

④ **눈의 거리**

눈은 눈과 눈 사이에 눈이 하나 들어갈 정도의 거리에 위치

⑤ **입술의 크기**

윗입술과 아랫입술의 비율이 대략 1:1.5이다.

⑥ **얼굴형의 이해**

| 얼굴형 | 특징 |
|---|---|
| 계란형 | - 가장 이상적인 얼굴형<br>- 부드럽고 온화한 이미지<br>- 가로폭, 세로폭의 각 부분이 이상적인 비율<br>- 가로 1, 세로 1.5의 비율<br>- 볼과 턱선이 부드러우며 이상적인 얼굴형 |
| 둥근형 | - 한국인에 가장 많은 얼굴형<br>- 귀여운 이미지<br>- 이마, 헤어라인선, 볼선, 턱선이 모두 둥근 형태<br>- 가로와 세로의 길이가 거의 비슷한 짧은 얼굴 형태<br>- 일굴이 크고 윤곽이 없어 보이는 둔한 형태로 옆 얼굴이 축소되어 보이게 하여 달걀형으로 수정 |
| 역삼각형 | - 도시적이고 현대적인 얼굴형<br>- 지적이고 세련된 이미지<br>- 얼굴폭 자체는 넓지만 뺨에서 턱에 걸친 선이 홀쭉하고 뾰족한 형태 |

| 얼굴형 | 특징 |
|---|---|
| 사각형 | - 남성적인 얼굴<br>- 활동적이고 남성적인 이미지<br>- 이마, 헤어라인의 각진 부분은 두발로 감출 수 있음<br>- 세로보다 가로가 넓어 보이는 평면적인 이미지 |
| 삼각형 | - 40대 이후의 여성에게 가장 많은 형태<br>- 안정감, 차분한 이미지 / 고집스러운 이미지<br>- 이마는 좁고 턱선을 넓은 형태<br>- 볼에 살이 많거나 턱뼈가 발달한 상태 |
| 마름모형 | - 마른 얼굴형<br>- 날카로운 이미지<br>- 대체로 길고 각진 얼굴 형태 |
| 긴형 | - 마른 얼굴형<br>- 우아하고 성숙한 이미지/나이 들어 보이고 우울한 얼굴<br>- 가로폭이 좁고 세로 길이가 긴 형태 |

[표 4-5] 얼굴형의 이해

⑦ 얼굴 부위별 명칭

| 얼굴 부위별 명칭 | 특징 |
|---|---|
| T존 | - 이마와 콧등, 피지 분비량이 많아 화장이 잘 뜨는 부위<br>- 밝은 톤의 파운데이션이나 파우더를 바른다. |
| Y존 | - 눈 밑, 광대뼈 위의 Y 모양의 부위<br>- 파운데이션을 소량 바르고 하이라이트를 주어 밝게 처리한다. |
| C존 | - 눈썹뼈와 바깥 부분으로 연결되는 눈 부위<br>- 피부톤보다 밝은 파운데이션이나 파우더를 바른다. |
| O존 | - 눈과 입, 피하지방이 적어 주름이 생기는 부위<br>- 두꺼운 피부 표현 시 주의 |
| S존 | - 양쪽 귀 밑의 볼에서 턱선 입꼬리를 향하는 S자형의 부위<br>- 섀딩이나 하이라이트를 주어 얼굴 윤곽 수정이 가능 |
| U존 | - 양쪽 귀에서 광대뼈보다 약간 아래쪽의 U모양의 부위<br>- 경계선이 생기지 않도록 세심하고 꼼꼼하게 펴바른다. |

[표 4-6] 얼굴형 부위별 명칭

## (2) 얼굴형 및 부분 수정 메이크업 기법

시간(Time), 장소(Place), 목적(Object)에 따라 화장을 다르게 하는 것으로 메이크업 효과를 극대화하기 위해서는 토털 코디네이션이 중요하다. 특히 얼굴은 첫인상을 좌우하기 때문에 얼굴의 단점을 커버하고 장점을 돋보이게 하는데 메이크업을 활용하는 것이 좋다. 단점 커버를 위한 메이크업의 수정기법을 알아보도록 한다.

① 하이라이트

- **공통적 하이라이트** : T존, Y존, C존, 턱중앙, 눈뼈
  - 얼굴형에 따른 특징적 하이라이트
    - ㉠ **둥근형** : T존 세로터치
    - ㉡ **역삼각형** : 볼, 전체적으로 둥글게
    - ㉢ **삼각형** : 양쪽 이마 끝
    - ㉣ **사각형** : T존
    - ㉤ **마름모형** : T존, Y존, C존, S존
    - ㉥ **긴형** : C존

② 섀딩

- **공통적 섀딩** : 헤어라인, O존, 코벽, 턱 라인
  - 얼굴형에 따른 특징적 하이라이트
    - ㉠ **둥근형** : O존, 코벽
    - ㉡ **역삼각형** : 헤어라인, 턱끝
    - ㉢ **삼각형** : 턱라인
    - ㉣ **사각형** : 헤어라인, 턱라인
    - ㉤ **마름모형** : 헤어라인, 턱끝, O존
    - ㉥ **긴형** : 헤어라인, 턱끝

## ❸ 기본 메이크업 기법(베이스, 아이, 아이브로우, 립과 치크)

### (1) 베이스 메이크업(Base Makeup)

#### ① 정의

피부를 외부의 자극으로부터 보호하며 피부의 색이나 질감을 다듬고 얼굴에 입체감을 부여하며 피부의 결점을 커버함으로써 얼굴을 아름답게 만드는 화장품

#### ② 사용목적

- 피부 외관의 색상 조절, 피부결점 커버 및 보완

- 파운데이션의 밀착력 증대

- 메이크업의 지속력 증대

- 자외선과 외부자극으로부터 피부 보호

#### ③ 기초 베이스 메이크업

메이크업 베이스(또는 프라이머) → 파운데이션 → 컨실러 → 파우더

· 메이크업 베이스 기법

- 적당량을 나누어 펴 바른 다음 피부에 잘 스며들도록 패팅(Patting) 기법으로 두드려준다.

- 지나치게 많이 바르면 화장이 뭉치거나 밀릴 수 있으므로 주의한다.

- 피부 결을 따라 얼굴의 안쪽에서 바깥쪽 방향으로 펴 바른다.

· **파운데이션 기법**

- 피부 톤에 알맞은 파운데이션을 얼굴의 안쪽에서 바깥쪽 방향으로 펴 바른다.

- 넓은 부위(이마, 뺨)부터 바르고 난 후 좁은 부위(눈, 코, 턱, 입)을 바른다.

- 뭉치거나 얼룩이 생기지 않도록 소량씩 여러 번에 나누어 바른다.

- 두 가지 이상의 파운데이션 색상을 혼합하여 사용하면 입체적인 메이크업 표현에 효과적이다.

- 눈 밑 다크서클은 밝은 색상의 파운데이션으로 커버한다.

- 턱선, 헤어라인 부분과 같이 섀딩이 들어가는 부분은 경계가 생기지 않도록 세심하게 그러데이션해준다.

· **컨실러**(Concealer)

- 퍼프를 이용하여 컨실러를 바를 때에는 결점을 커버할 만큼 적당히 두드린다.

- 경계가 생기지 않도록 바른 부위에 세심하게 그러데이션 해준다.

- 컨실러용 전용 브러시를 사용하게 되면 좀 더 세심하게 커버할 수 있다.

· **페이스 파우더**(Face powder)

- **피복성** : 기미나 주근깨 등을 감추며 피부의 색조를 조절하는 성질이 있다.

- **신전성** : 부드러운 감촉으로 매끄럽게 펴져 피부에 생동감을 주는 성질이 있다.

- **착색성** : 적절한 광택을 유지하며 자연스러운 피부 색조를 조절하는 성질이 있다.

- **흡수성** : 피부 분비물을 흡수하여 메이크업이 번들거리거나 지워지는 것을 막는 성질이 있다.

- **부착성** : 피부에 장시간 동안 부착되어 있는 성질이 있다.

## (2) 아이브로우(Eyebrow)

### ① 이상적인 눈썹의 모양

- 자연 그대로의 눈썹 모양을 살려 깔끔하게 정리된 눈썹이 가장 아름답고 매력적인 눈썹

- 눈썹은 얼굴길이의 1/3 되는 지점

- 눈썹 앞머리(가장 두꺼운 부분)은 코 끝을 따라 이마 쪽으로 일직선상에 있다.

- 눈썹산은 눈썹을 3등분했을 때 아치모양의 가장 높은 부분을 말하며 눈썹길이의 2/3 지점에 있다.

- 눈썹꼬리는 코끝을 따라 이마 쪽으로 이어지는 일직선상에서 눈썹이 끝나는 지점까지의 각도가 45도일 때 가장 이상적이다.

### ② 아이브로우 형태에 따른 특징

· 표준형
- 기본형으로 젊고 아름다운 기본적인 눈썹 모양으로 누구에게나 잘 어울린다.

· 직선형
- 중성적이고 활동적인 느낌을 주며 동안 이미지 연출이 가능하다.

- 긴형, 미간이 좁은 형에게 잘 어울린다.

· 상승형
- 역동적이고 활동적이며 강한 이미지

- 둥근형, 이목구비가 작은형, 개성이 없는 얼굴에 적합

- 눈썹은 짧게 그려준다.

· 각진형

- 지적이며 차가운 이미지, 현대적이고 세련되어 보인다.

- 둥근형, 얼굴의 길이가 짧은 사람에게 잘 어울린다.

· 아치형

- 매혹적이고 우아하며 여성스러운 이미지

- 이마가 넓은 얼굴형, 각진형, 다이아몬드형, 역삼각형에 잘 어울린다.

· 처진형

- 온화하고 슬픈 이미지, 바보스럽거나 우울한 인상

- 역삼각형에 잘 어울린다.

③ 아이브로우 컬러에 따른 특징

아이브로우 컬러에 따라 이미지가 변하기 때문에 모발색, 눈동자색 또는 색조화장의 틀에 맞춰 메이크업을 할 수 있다.

· **블랙계열** : 강한 느낌
· **브라운계열** : 도시적이고 여성스러운 느낌

## (3) 아이섀도(Eyeshadow)

① 아이섀도 컬러 명칭

- 베이스 컬러

가장 넓은 부위에 바르는 색상으로 메인 컬러 색을 보조한다.

- 메인 컬러

아이메이크업의 분위기를 좌우하는 컬러로 포인트 컬러 부위와 아이 홀에 펴 바른다.

- **포인트컬러**(악센트 컬러)

    눈매를 강조하기 위해 바르는 컬러로 강한 색감을 선명하게 표현할 때 사용한다.

- **하이라이트 컬러**

    흰색이나 아이보리색을 사용해 눈썹뼈 부위나 돌출되어 보이고자 하는 부위에 발라 눈 부위 중 가장 높게 표현

- **언더컬러**

    눈두덩이와 연결하여 아래 눈꺼풀에 음영과 색감을 주기 위해 바른다.

② 아이섀도 컬러 선택법

- 계절의 분위기에 맞게
- 의상의 색과 조화롭게
- 메이크업 분위기에 맞게
- 본인이 선호하는 색을 고려하여
- 눈의 모양을 고려하여

③ 아이섀도 바르는 순서

- 원하는 컬러가 선명하게 발색될 수 있도록 눈가에 흰색 또는 누드 베이지 아이섀도를 바른다.

- 아이홀 부위에 베이스 컬러를 바른다.

- 아이홀 아래 부위에 메인 컬러를 바른다.

- 포인트 컬러를 바른다.

- 언더컬러를 눈 밑에 바른다.

- 하이라이트 컬러를 바르고 마무리 한다.

④ 눈 모양에 따른 아이섀도 표현 방법

| 분류 | 수정법 |
|---|---|
| 눈과 눈 사이가 좁은 형태 | 눈 앞머리는 밝게 하고 눈꼬리는 포인트를 준다. |
| 눈과 눈 사이가 넓은 형태 | 눈 앞머리에 포인트를 준다. |
| 눈꼬리가 내려간 형태 | 눈꼬리 부분의 포인트 컬러를 자연스럽게 올려 눈꼬리에 포인트를 준다. |
| 눈꼬리가 올라간 형태 | 눈꼬리 부분의 포인트 컬러를 최대한 아래쪽으로 그리고 색상은 진하지 않게 한다. |
| 눈이 부어 있는 형태 | 붉은 계열이나 펄, 광택의 섀도는 피하고 어두운 색으로 눈 전체를 자연스럽게 펴준다. |
| 눈이 움푹 들어간 형태 | 밝은색, 펄, 광택이 있는 섀도로 그러데이션해준다. |
| 눈이 작은 형태 | 눈이 커보이도록 아이섀도와 포인트를 크게 잡고 아이라인도 두껍게 그린다. |
| 눈이 큰 형태 | 자연스럽고 연한 포인트 컬러로 그러데이션, 언더컬러는 눈의 1/3지점까지만 발라준다. |
| 쌍꺼풀이 없는 형태 | 쌍꺼풀의 두께만큼 포인트 컬러를 바르고, 쌍꺼풀라인을 만들어준다. |
| 눈이 외꺼풀(짝눈)인 형태 | 눈을 뜬 상태로 좌우 대칭으로 섀도를 그러데이션한다. |

[표 4-7] 아이섀도 표현 방법

### (4) 아이라이너(Eyeliner)

① 아이라이너 그리는 방법

눈을 뜬 상태에서 아이라인의 위치를 정한 후, 눈 모양을 따라 앞부분부터 그리다가 3/4 지점을 지나면 1~2mm 높여서 자연스럽게 그린다.

② 눈 모양에 따른 아이라인 그리는 방법

| 분류 | 수정법 |
| --- | --- |
| 쌍꺼풀 눈 | 눈매를 따라 최대한 속눈썹에 가깝고 가늘게 그린다. |
| 홑꺼풀 눈 | 인상이 날카로워 보일 수 있으므로 눈을 떴을 때 눈의 중심부의 라인이 살짝 보이도록 두껍게 그린다. 언더라인은 가늘게 혹은 생략 |
| 처진 눈 | 눈꼬리 부분을 두껍게 올려 그리고, 언더라인은 연하게 혹은 생략 |
| 올라간 눈 | 눈앞머리와 중앙까지 아이라인을 그리고, 눈꼬리 부분은 그리지 않고 언더라인의 눈꼬리 부분을 두껍게 그려 눈앞머리와 수평이 되도록 한다. |
| 부은 눈 | 아이라인을 전체적으로 두껍게 그리며 언더라인은 강조하지 않는다. |
| 작은 눈 | 눈의 위, 아래 라인을 모두 강조한다. |

[표 4-8] 아이라인 그리는 방법

## (5) 마스카라(Mascara)

### ① 마스카라를 바르는 순서

- 눈을 15도 각도 아래로 향하게 한 다음 아이래시 컬로 속눈썹 가장 안쪽에 힘을 주어 컬을 만든다. 속눈썹 끝으로 갈수록 힘을 빼면서 위로 들어 올린다.

- 마스카라는 위에서 아래로 바르며 속눈썹 안쪽에서 바깥쪽 방향으로 올려주듯이 바른다.

- 아래 속눈썹은 마스카라의 브러시 끝을 세워서 바른다.

- 마스카라가 뭉치거나 엉켜있을 경우 브러시로 속눈썹을 정리한다.

### ② 인조속눈썹(False eyelashses)

- 인조속눈썹을 붙이는 방법

  ㉮ 속눈썹 케이스에서 속눈썹을 떼어낸 후 반드시 속눈썹 끝과 끝을 맞추어 둥글게 유지하고 눈 크기보다 약간 작은 게 커팅한다.

  ㉯ 속눈썹 전용 글루를 사용하여 양 끝이 떨어지지 않게 적당량 바른다.

  ㉰ 중앙을 맞추어 위치를 확인한 후 붙인다.

  ㉱ 중앙, 눈머리, 눈꼬리 순서로 붙인다.

  ㉲ 눈을 뜬 후 앞머리를 찌르지 않는지 살피면서 속눈썹 위치나 각도를 체크한다.

## (6) 립(Lip)

① 입술의 기본 형태

- 인커브 : 원래 입술선보다 1~2mm 안쪽으로 그려진 모양으로 발랄하고 귀엽고 여성스러운 이미지를 준다.

- 아웃커브 : 원래 입술선보다 1~2mm 바깥쪽으로 그려진 모양으로 섹시하고 성숙한 이미지나 에로틱한 분위기를 준다.

- 스트레이트 커브(직선) : 입술선을 직선으로 표현한 모양으로 도시적이고 활동적인 이미지로 지적인 느낌을 준다.

② 입술 형태에 따른 입술 그리는 방법

| 분류 | 수정법 |
| --- | --- |
| 얇은 입술 | - 원래 입술선보다 1~2mm 늘려서 그린다(아웃커브).<br>- 펄, 밝은색, 파스텔 계열의 색상의 립스틱을 바른다. |
| 두꺼운 입술 | - 원래 입술선보다 1~2mm 안쪽으로 그린다(인커브).<br>- 진한 색이나 어두운 색상으로 립스틱을 발라 축소되어 보이게 한다<br> (펄이나 광택제품은 피함). |
| 작은 입술 | - 각의 위치를 좌우대칭이 되도록 1~2mm 넓게 그린다.<br>- 펄, 밝은색, 파스텔 계열의 흐린 색상으로 립스틱을 바른다. |
| 큰 입술 | - 큰 입술이 작아 보이게 하기 위해 짙은 색상의 립스틱을 바른다.<br>- 본인의 입술보다 작게 그린다. |

| 분류 | 수정법 |
|---|---|
| 입꼬리가 처진 입술 | - 인상이 어둡고 우울하거나 슬퍼 보일 수 있기 때문에 입꼬리를 올려서 그린다. |
| 윗입술이 두꺼운 입술 | - 윗입술의 높이를 1~2mm 정도 작게 그린다.<br>- 윗입술은 아랫입술보다 밝은 색으로 표현한다. |
| 주름이 많은 입술 | - 주름 사이로 립스틱이 번질 수 있으므로 파우더로 입술의 유분기를 없앤 후 립라이너로 라인을 선명하게 그린다.<br>- 립스틱은 유분기가 적고 연한 계열의 색상을 바르며 립글로스로 마무리한다. |

[표 4-9] 입술 그리는 방법

## (7) 블러셔(Blisher)

### ① 블러셔의 위치

정면에서 바라보았을 때 눈동자의 바깥 부분과 콧방울 위쪽 이내에서 광대뼈를 스치듯이 펴 바른다. 눈동자로부터 수직이 되는 선과 콧방울로부터 수평이 되는 선을 기준으로 바깥쪽 볼 부위가 블러셔를 사용하는 적절한 위치이다.

### ② 얼굴형에 따른 블러셔의 위치

| 얼굴형 | 둥근형 | 긴형 | 사각형 | 역삼각형 |
|---|---|---|---|---|
| 블러셔의 위치 | ·입꼬리를 향하도록 사선으로 펴준다. | ·볼뼈를 중심으로 가로 형태로 펴준다. | ·치크 부위를 넓게 하여 각진 부분이 강조되지 않게 한다.<br>·턱끝을 향해 펴준다. | ·치크의 위치를 조금 높게 하고 코끝을 향해 펴준다. |

[표 4-10] 블러셔의 위치

③ 이미지에 따른 블러셔 메이크업

· **여성스러운 이미지** : 눈 주위와 관자놀이에 얇게 펴 바르며, 광대뼈를 중심으로 관자놀이 쪽으로 펴 바른다.

· **세련되고 지적인 이미지** : 광대뼈 위쪽은 밝은 색상으로 하이라이트를 주고, 그 밑은 약간 어두운 색상으로 섀딩을 한다.

· **활동적인 이미지** : 광대뼈의 약간 아랫부분에 다소 짙게 바른다.

· **귀여운 이미지** : 눈 밑의 가장 볼록한 뺨 부분에 둥근 느낌으로 펴 바른다.

chapter 3
# 색채와 메이크업

## ❶ 색채의 정의 및 개념

### 1) 색의 정의

색이란 빛이 물체를 비추었을 때 생겨나는 반사, 흡수, 투과, 굴절 등의 과정을 통해 인간의 눈을 자극함으로써 생기는 물리적인 지각현상을 말한다. 이는 물체에 닿는 백색광인 태양광선 중 가시광선이 일부는 흡수하고, 일부는 반사되는데, 흡수하지 않고 반사된 것을 사람의 눈에 물체는 색으로 비치게 된다. 즉 광원(자연광, 인공광)에서 발광체가 나와 광선이 물체를 비췄을 때 물체의 파장별 특성과 성질에 따라 빛이 우리의 눈의 망막을 자극하여 생기는 감각현상이다.

### 2) 색의 삼속성

#### (1) 색상(Hue)

- 색을 구별하기 위한 색의 명칭인 색상은 "H"(Hue)라고 표시한다.
- 먼셀색상환은 기본 10색상환으로 구성되어 있다.
- 색상환에서 180도 반대 방향에 있는 색상을 보색이라고 하며, 바로 옆이나 근거리에 있는 색을 유사색이라 한다.

[그림 4-40] 먼셀 색상환

## (2) 명도(Value)

- 색채의 밝고 어두움의 정도를 나타내는 척도이며 "V"(Value)로 표시한다.
- 명도는 무채색과 유채색에 모두 있다.
- 명도의 단계는 검정을 0, 흰색은 10으로 하여 11단계로 나눌 수 있다.

    (검정과 흰색은 이상적인 완전한 흑과 백을 뜻하며 현실적으로는 얻을 수 없는 색이다.)

- 인간의 색의 3속성 중에서 명도에 가장 민감하게 반응한다.

## (3) 채도(Chroma)

- 색의 순수한 정도나 맑고 탁한 정도를 나타내는 척도이며 "C"(Chroma)로 표시한다.
- 먼셀에서 채도 번호는 1에서 14까지 14단계로 구분되며, 숫자가 높아질수록 채도가 높아진다.
- 채도가 14인 색상은 R, YR, Y이다.

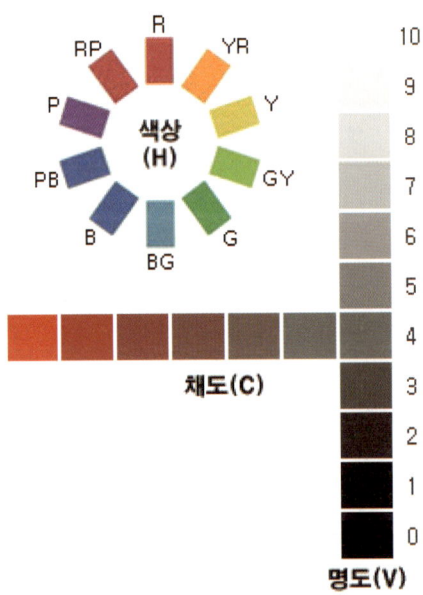

[그림 4-41] 명도와 채도

## 3) 색채의 분류

### (1) 순색

- 색상 중에서 가장 맑고 깨끗한 색으로 톤표에서 가장 바깥쪽에 위치한다.
- 채도가 가장 높은 색.

### (2) 청색

- 순색+흰색=명청색(흰색이 많아짐에 따라 명도가 높아짐)
- 순색+검정색=암청색(검정색이 많아짐에 따라 명도가 높아짐

### (3) 탁색

- 청색+밝은 회색=명탁색
- 청색+검은 회색=암탁색

## 4) 색채의 혼합

### (1) 가산혼합

- **빛의 삼원색:** 빨강, 녹색, 파랑
- 빛의 삼원색의 혼합은 흰색이 된다. 보색의 혼합도 흰색이 된다.
- 빛의 혼합이 많이 겹칠수록 명도는 높아지고 채도는 낮아진다.
- "+"플러스 현상이라고도 한다.

  예) 컴퓨터, 텔레비전의 모니터, 무대조명의 혼색

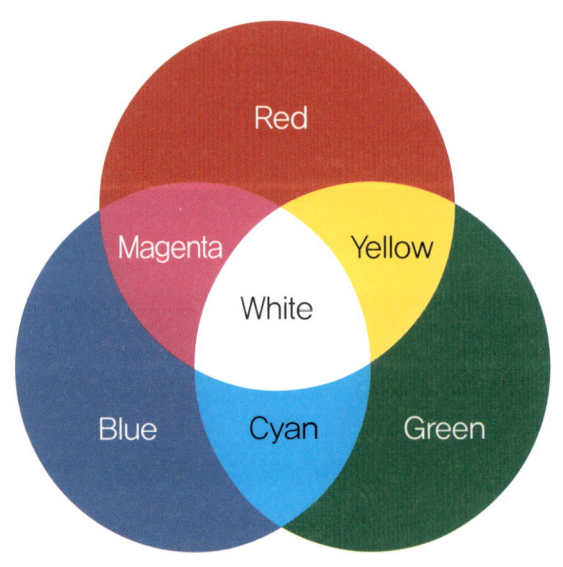

B+R=M(마젠타)
G+B=C(시안)
R+G=Y(옐로)
R+G+B=W(화이트)

[그림 4-42] 가법혼색

## (2) 감산혼합

· 색료(물감)의 삼원색: 마젠타, 노랑, 시안 색료를 혼합할수록 명도와 채도가 모두 낮아진다.

· 색료의 삼원색을 모두 혼합하면 검정이 된다. "-" 마이너스 현상이라고도 한다. 이론적으로는 3원색을 합하면 검정이 나와야 하지만 실제로는 정확한 검정이 나오지 않는다. 이를 보완하기 위해 대부분의 색은 3가지 잉크를 섞어 사용하고 검정색은 따로 저장된 검정색 잉크를 가지고 인쇄를 한다.

예) 컬러 인쇄나 컬러 필름, 프린트 출력 등

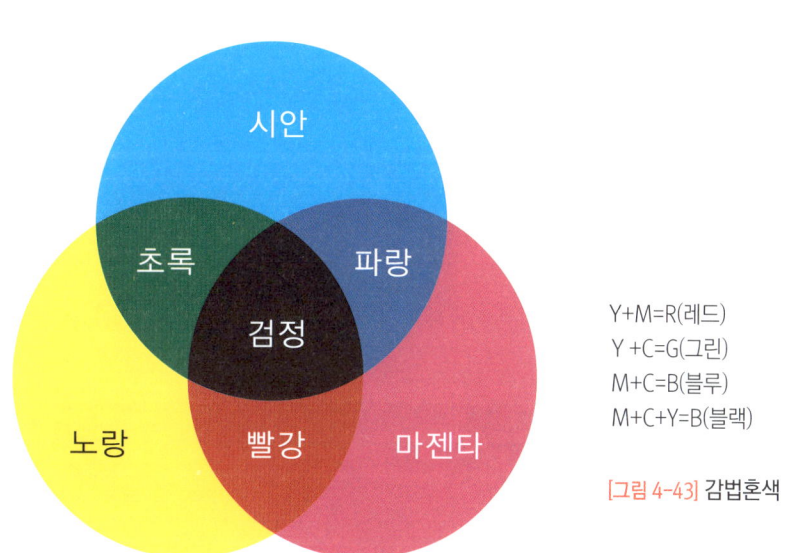

Y+M=R(레드)
Y+C=G(그린)
M+C=B(블루)
M+C+Y=B(블랙)

[그림 4-43] 감법혼색

### (3) 중간혼합

눈의 망막에서는 일어나는 착시적인 혼합이다.

이때 밝기는 그 색들의 평균적인 밝기를 갖게 되는 평균혼합

#### ① 회전혼합

회전원판에 색을 칠해 회전시키면 눈에 망막에서 혼색되어 보이는 현상

ex: 팽이

#### ② 병치혼합

두 가지 이상이 색을 동시에 볼 때, 망막상에서 혼합되어 보이는 현상

ex: 점묘화, 텔레비전, 컴퓨터의 컬러모니터, 모자이크 등

## 5) 색채의 연상 작용

| 색상 | 추상적 연상(개념) | 구체적 연상(현실) |
|---|---|---|
| 빨강(R) | 정열, 활동, 흥분, 피, 위험, 혁명 | 태양, 불, 사과, 깃발 |
| 주황(YR) | 온정, 양기, 의혹, 쾌락, 적극, 약동, 희열, 만족, 풍부, 건강, 밝음 | 오렌지, 감, 호박 |
| 노랑(Y) | 희망, 명랑, 야심, 질투, 광명, 향상, 성실, 발전, 명쾌, 경박, 팽창 | 바나나, 유채꽃, 해바라기, 금, 병아리, 국화 |
| 연두(GY) | 휴식, 위안, 안일, 친애, 신선, | 새싹, 잔디, 완두콩 |

| 색상 | 추상적 연상(개념) | 구체적 연상(현실) |
| --- | --- | --- |
| 녹색(G) | 평화, 안전, 무력, 휴식, 건전, 평정, 성장, 지성, 이상 | 전원, 초목, 숲, 밀림, 수박 |
| 청록(BG) | 심원, 태동, 비방, 이지, 차가움, 외로움 | 깊은 바다, 깊은 수풀 |
| 파랑(B) | 침정, 냉정, 경계, 소원, 영원, 침착, 명상, 진실, 정숙, 성실 | 물, 하늘, 바다, 사파이어 |
| 남색(PB) | 숭고, 냉철, 심원, 장려, 청초, 고독, 고집 | 도라지꽃, 가지, 난꽃 |
| 보라(P) | 창조, 우아, 예술, 위험, 고귀, 불안, 병약, 신비, 영원 | 포도 |
| 자주(RP) | 열정, 정열 화려, 요염함, 몽상, 환상, 비애, 공포, 감미 | 요정, 주점, 입술연지, 자두, 오팔, 모란꽃 |
| 흰색(W) | 결백, 소박, 신성, 순결, 청춘, 정직, 명쾌, 냉혹, 순수, 청결, 희망 | 눈, 솜, 백사장, 신부, 눈사람 |
| 검정(BK) | 엄숙, 시체, 죽음, 어둠, 사멸, 침묵, 비애, 공포, 신비, 절망, 허무, 죄 | 밤, 석탄, 숯, 흑판, 까마귀, 흑장미, 머리카락 |
| 회색(GY) | 평화, 온화, 겸양, 중립, 중성, 평범, 우울, 공포, 음기, 침울 | 구름, 재, 쥐, 아스팔트, 연기 |

[표 4-11] 색채의 연상 작용

## 6) 색의 대비

나란히 배열된 색들은 서로 상대방에 영향을 주거나 시각적으로 혼합되어 원래의 색채와 다르게 지각되는데 이런 현상을 색의 대비라고 한다. 색의 대비는 크게 "계속대비"와 "동시 대비"로 나눌 수 있는데 "계속대비"는 어떤 색을 보며 자극을 받고 다른 색을 보았을 때 나중 색이 원래와 달라 보이는 대비이다. 빨강을 보다 흰색을 보면 빨강의 보색인 청록색이 흰색에 나타나는 것과 같은 효과인데 잔상에서 설명되기도 한다.

### (1) 색상대비

색상이 다른 두 색을 동시에 이웃하여 놓았을 때 두 색이 서로의 영향으로 색상 차이가 나는 현상이다. 1차색끼리 잘 일어나며, 2차색과 3차색이 될수록 그 대비 효과는 적게 나타난다. 예를 들어 주황색 배경의 노란색은 더욱 노란색 기미를 띠게 되며 연두색 배경 위에 놓인 노란색은 좀 더 붉은 기를 띠게 된다.

### (2) 명도대비

명도가 다른 두 색을 이웃하거나 배색하였을 때 밝은 색은 더욱 밝게, 어두운 색은 더욱 어둡게 보이는 현상이다. 중앙의 노란색 원의 명도는 모두 같지만 무채색 배경이 어두워질수록 더 밝고 선명해 보인다.

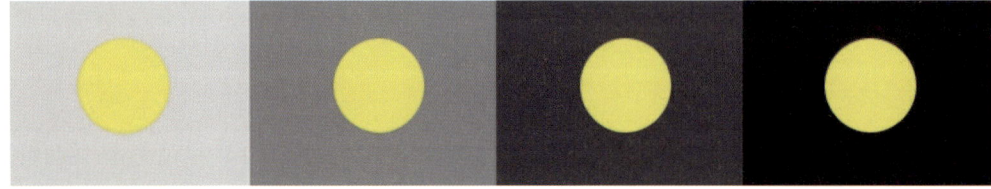

## (3) 채도대비

채도가 다른 두 색을 인접시켰을 때 서로의 영향을 받아 채도가 높은 색은 더욱 높아 보이고 채도가 낮은 색은 더욱 낮아 보이는 현상을 말한다. 예를 들어 채도가 높은 색의 중앙에 둔 채도가 낮은 색은 한층 채도가 낮아 보이고 채도가 낮은 색의 중앙의 높은 채도의 색은 채도가 높게 보인다. 또한 무채색 위에 둔 유채색은 훨씬 맑은 색으로 채도가 높아져 보이는 현상을 말한다. 아래 그림에서 저채도의 회색바탕에 있는 주황색이 훨씬 선명해보이고 고채도인 노랑바탕의 주황색은 상대적으로 흐려 보인다. 또 붉은 바탕의 노랑보다 회색 바탕의 노랑이 상대적으로 채도가 높은 것 같아 보인다.

## (4) 한난대비

차고 따뜻한 색을 함께 놓았을 때 배경색의 온도에 따라 색의 온도가 다르게 느껴지는 현상을 말한다. 차가운 느낌의 색과 따뜻한 느낌의 색을 대비시켰을 때 차가운 색은 더욱 차갑게, 따뜻한 색은 더욱 따뜻하게 느껴진다. 일반적으로 색의 차갑거나 따뜻한 효과는 색상에의해 좌우되지만 명도에도 영향을 받는데 무채색 중 흰색은 차가운 느낌을, 검정은 따뜻한 느낌을 갖게 한다. 따라서 차가운 색이라도 명도가 낮으면 따뜻한 느낌을 더 할 수 있다. 한난대비는 모든 색채대비에서의 기초적 감정으로서 중요시된다.

## ❷ 색채의 조화

### 1) 배색

배색이란 두 가지 이상의 색을 조합하여 새로운 색(이미지)을 만들어내는 것이다.

#### (1) 기본배색 4가지 원리

색상 차이에 의한 배색을 각도배색 방법이라고 한다. 색상환에서 0°는 동일색상 배색, 60°는 유사색상 배색, 90°는 중차색상 배색, 120°~150°는 반대색상 배색, 180°는 보색색상 배색이라고 한다.

#### (2) 톤의 배색 원리

톤의 배색은 색조 배색이라고도 하며 색의 3속성 중 명도와 채도를 주제로 한 배색 방법이다.

1. 톤의 동일    2. 톤의 유사    3. 톤의 대비

## (3) 배색기법

R+Y=YR

빨강색에 노랑색을 섞으면 주황색이 된다.

Y+G= GY

노랑색에 초록색을 섞으면 연두색이 된다.

G+B=BG

초록색에 파랑색을 섞으면 청록색이 된다.

B+P=PB

파랑색에 보라색을 섞으면 남색이 된다.

P+R=RP

보라색에 빨강색을 섞으면 자주색이 된다.

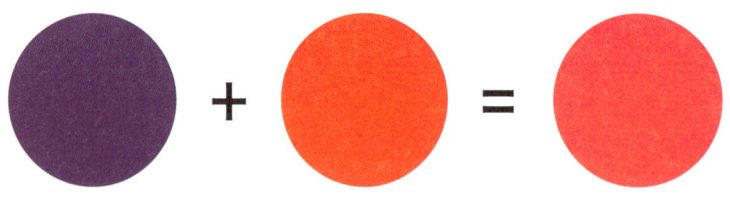

# PART 5

패턴

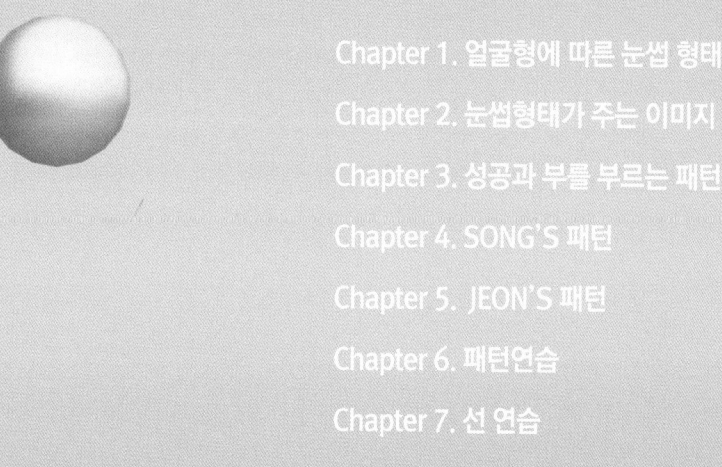

Chapter 1. 얼굴형에 따른 눈썹 형태
Chapter 2. 눈썹형태가 주는 이미지
Chapter 3. 성공과 부를 부르는 패턴
Chapter 4. SONG'S 패턴
Chapter 5. JEON'S 패턴
Chapter 6. 패턴연습
Chapter 7. 선 연습

chapter 1
# 얼굴형에 따른 눈썹 형태

| 얼굴형 | 동양인 얼굴형태분석 | 잘못됨 – 옳음 |
|---|---|---|
| 원형 얼굴 | 이 특징은 머리형이 과도하게 동그랗다. 눈썹 디자인 시 긴 얼굴형상에 놓아야 되는 게 중요하다, 하지만 상승눈썹 혹은 갈수록 연해지는 눈썹이 자연스러운 각도이다. 눈썹형태가 직선이거나 너무 가는 것은 피해야 한다. | ✗ ✓ |
| 정사각형 얼굴 | 이 특징은 능각이 지나치게 돌출되어 있다. 눈썹 디자인 시 얼굴형에 부드럽고 눈썹을 길게, 조금 각도 있게 하는 것이 중요하다. 눈썹 형태를 지나치게 능각으로 또는 지나치게 동그랗게 하는 것을 피해야 한다. | ✗ ✓ |
| 장형 얼굴 (대추형) | 이 특징은 두형이 좁고 길거나 타원형이다. 눈썹 디자인 시 중요한 점은 단축형 얼굴이 되는 것을 목적으로 수평 눈썹이 비교적 적절하다. 눈썹형태가 위로 치켜 올라가는 것은 피해야 한다 | ✗ ✓ |

| 얼굴형 | 동양인 얼굴형태분석 | 잘못됨 – 옳음 |
|---|---|---|
| 정삼각형 얼굴<br>(역 해바라기씨 얼굴) | 이 특징은 이마가 좁고, 하관이 넓다. 눈썹 디자인시 측두부를 넓게 놓고 눈썹허리를 최대한 바깥에 놓는 것을 중점으로 한다. 눈썹허리를 2/1 이상 위치에 놓는 것을 피해야 한다. | |
| 역삼각형 얼굴<br>(해바라기씨 얼굴) | 이 특징은 이마가 넓고 하관이 뾰족하다. 눈썹디자인 시 중점은 측두부를 좁히는 것이다. 눈썹허리를 동그랗게 조정한다. 눈썹허리를 바깥 혹은 안 3/4이상을 피해야 한다. | |
| 능형 얼굴<br>(계란형 얼굴) | 이 특징은 이마가 좁고 하관이 뾰족하다. 눈썹 디자인 시 눈썹을 측두부를 넓게 하고 눈썹허리를 바깥쪽으로, 비교적 수평이 되는 것을 중점으로 한다. 눈썹허리가 중앙에 오거나 눈썹이 아래쪽으로 되는 것을 피해야 한다. | |

## chapter 2
# 눈썹형태가 주는 이미지

| | | |
|---|---|---|
| ① 기본형 눈썹 | 귀엽고 발랄한 인상을 주며, 어떤 얼굴형에나 무난하고 자연스럽게 어울린다. | |
| ② 일자형 눈썹 | 남성적인 인상을 주기 쉬우나 얼굴 폭이 넓어 보이는 효과가 있어 긴 얼굴형이나 폭이 좁은 얼굴형에 적합하다. | |
| ③ 상승형 눈썹 | 동양적이고 개성이 강해 보이면서도 다소 활동적인 느낌을 준다. 둥근 얼굴형이나 각진 얼굴형에 잘 어울린다. | |
| ④ 각진 눈썹 | 지적이고 세련된 인상을 주며, 자기주장이 뚜렷해 보인다. 둥근 얼굴형이나 얼굴 길이가 짧은 경우에 적합하다. | |
| ⑤ 아치형 눈썹 | 섬세하고 성숙해보이며, 우아하고 여성적인 인상을 준다. 삼각형의 얼굴이나 이마가 넓은 역삼각형, 다이아몬드형 얼굴에 잘 어울린다. | |

| ⑥ 남성 눈썹 | 눈썹능선을 일자형으로 하지 않고 조금은 굴곡있게 그려준다. 여성들의 눈썹 형태가 아니라 두껍고 힘있게 강조한다. | |
|---|---|---|
| ⑦ 샤넬 눈썹 | 일자형과 다르게 요즘 유행하는 귀여우면서 동안의 느낌이 강조된 눈썹 형태이다. | |
| ⑧ 이방인눈썹 | 동양인의 눈썹과 다르게 서양인의 눈썹은 가늘고 길게 눈썹산이 조금은 뒤로 간 형태이다. | |

chapter 3
## 성공과 부를 부르는 패턴

**❶ 눈썹 패턴**

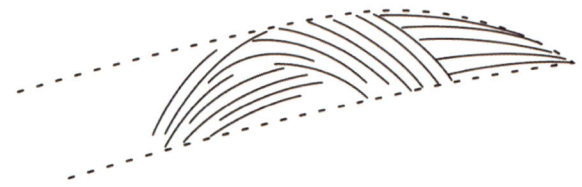

**❷ 아이라인 패턴**

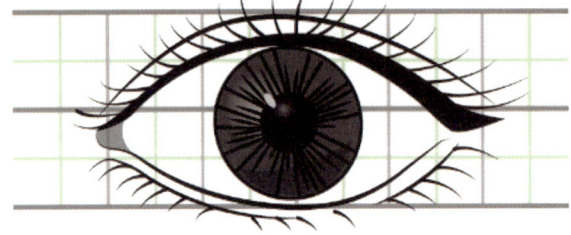

**❸ 입술 패턴**

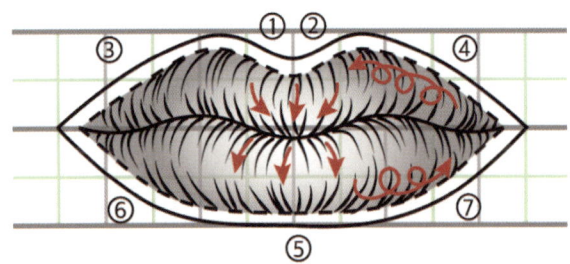

## chapter 4
# SONG'S 패턴

### ❶ 눈썹 패턴

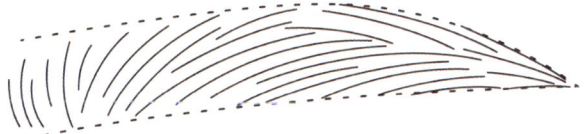

### ❷ 아이라인 패턴

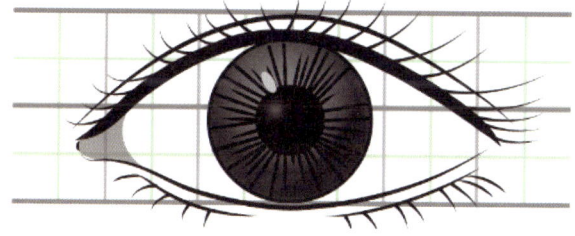

### ❷ 입술 패턴

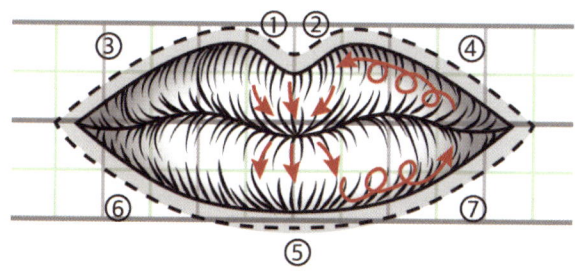

## chapter 5
## JEON'S 패턴

**❶ 눈썹 패턴**

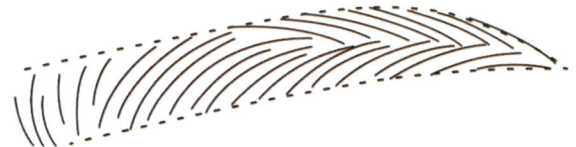

**❷ 아이라인 패턴**

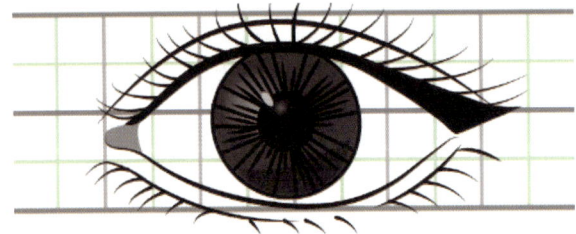

**❸ 입술 패턴**

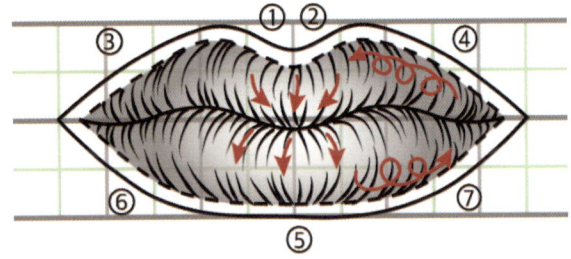

chapter 6
# 패턴연습

## ❶ 눈썹

### 1) 성공과 부를 부르는 눈썹

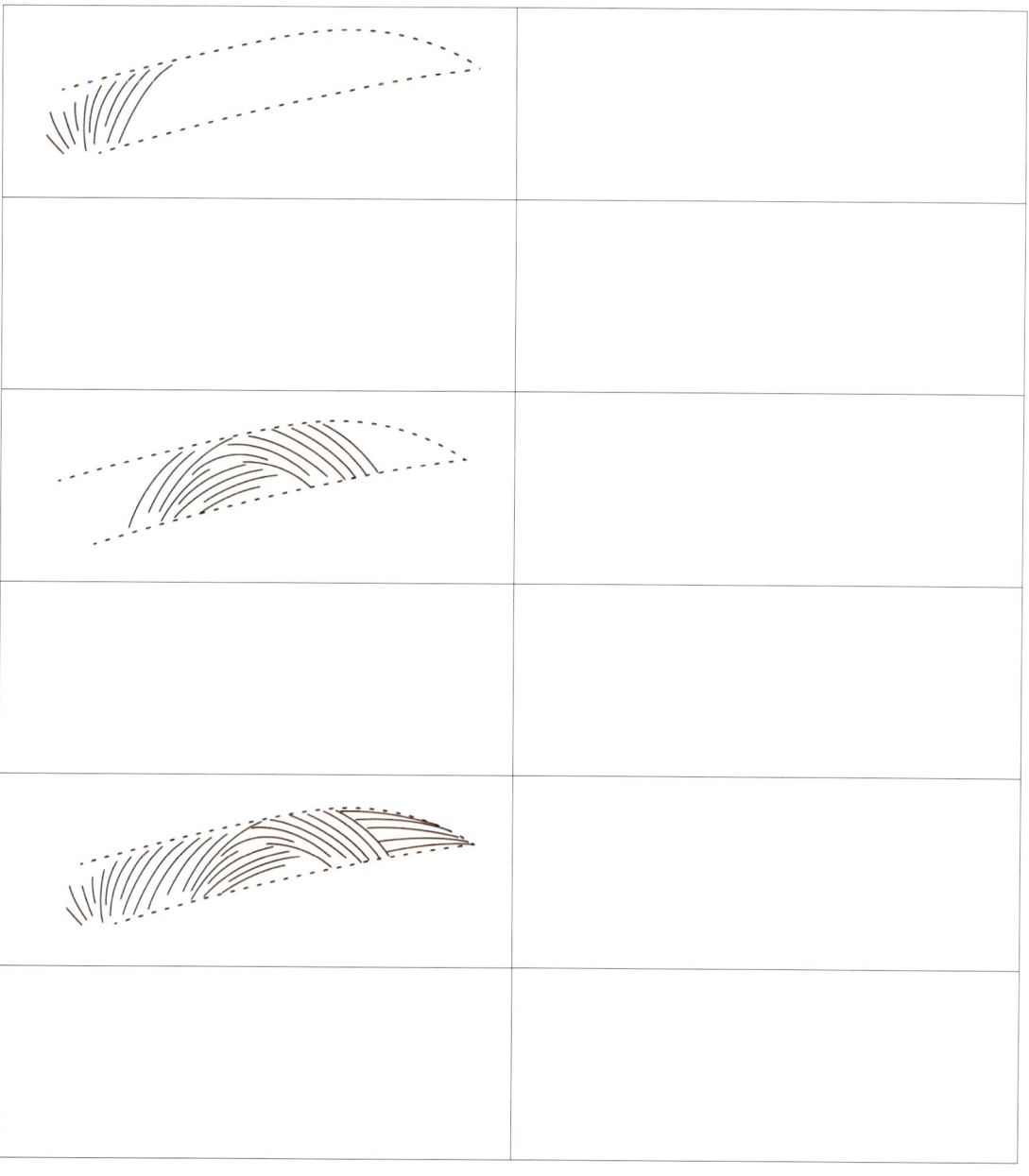

## 2) SONG'S 눈썹

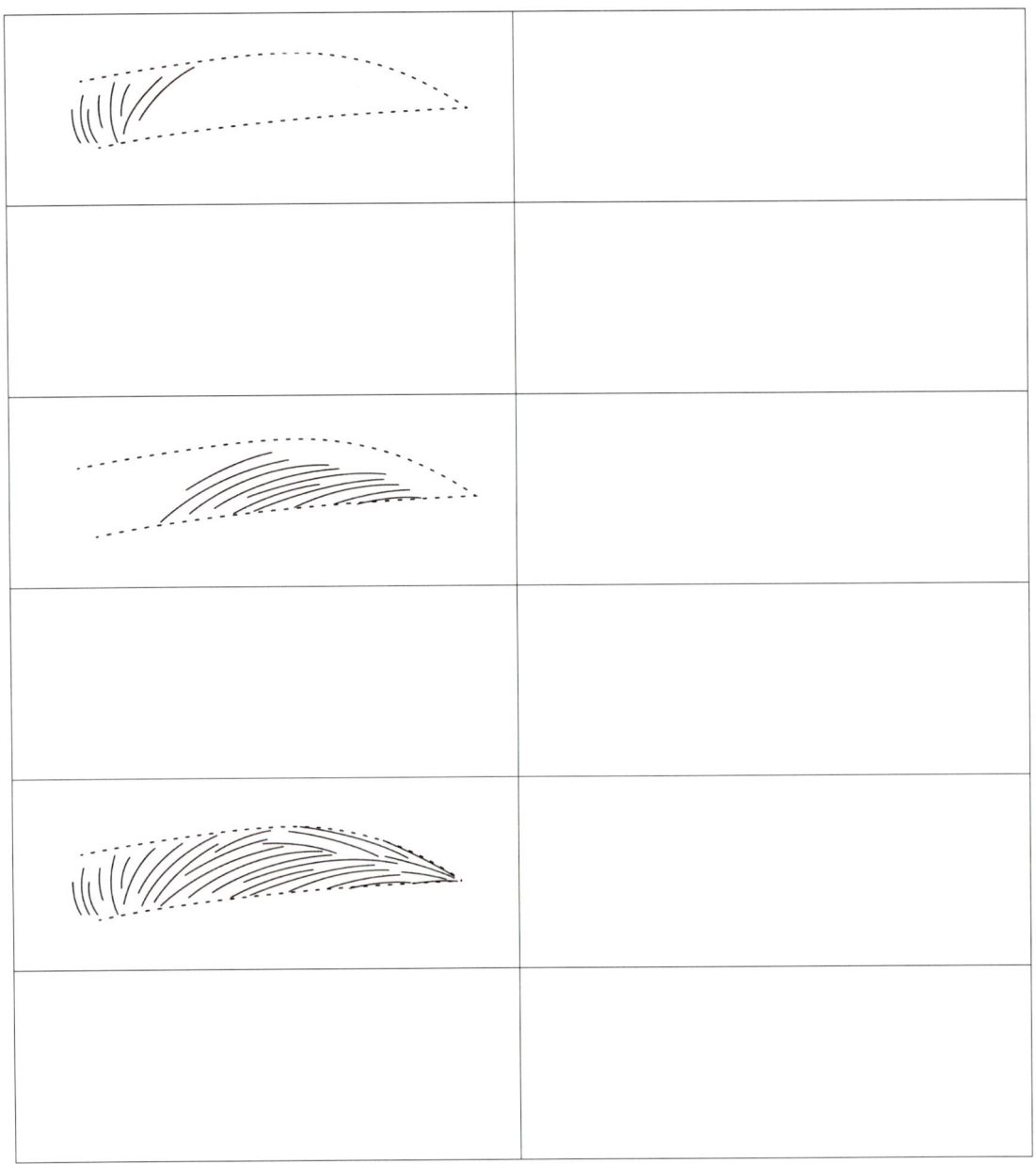

### 3) JEON'S 눈썹

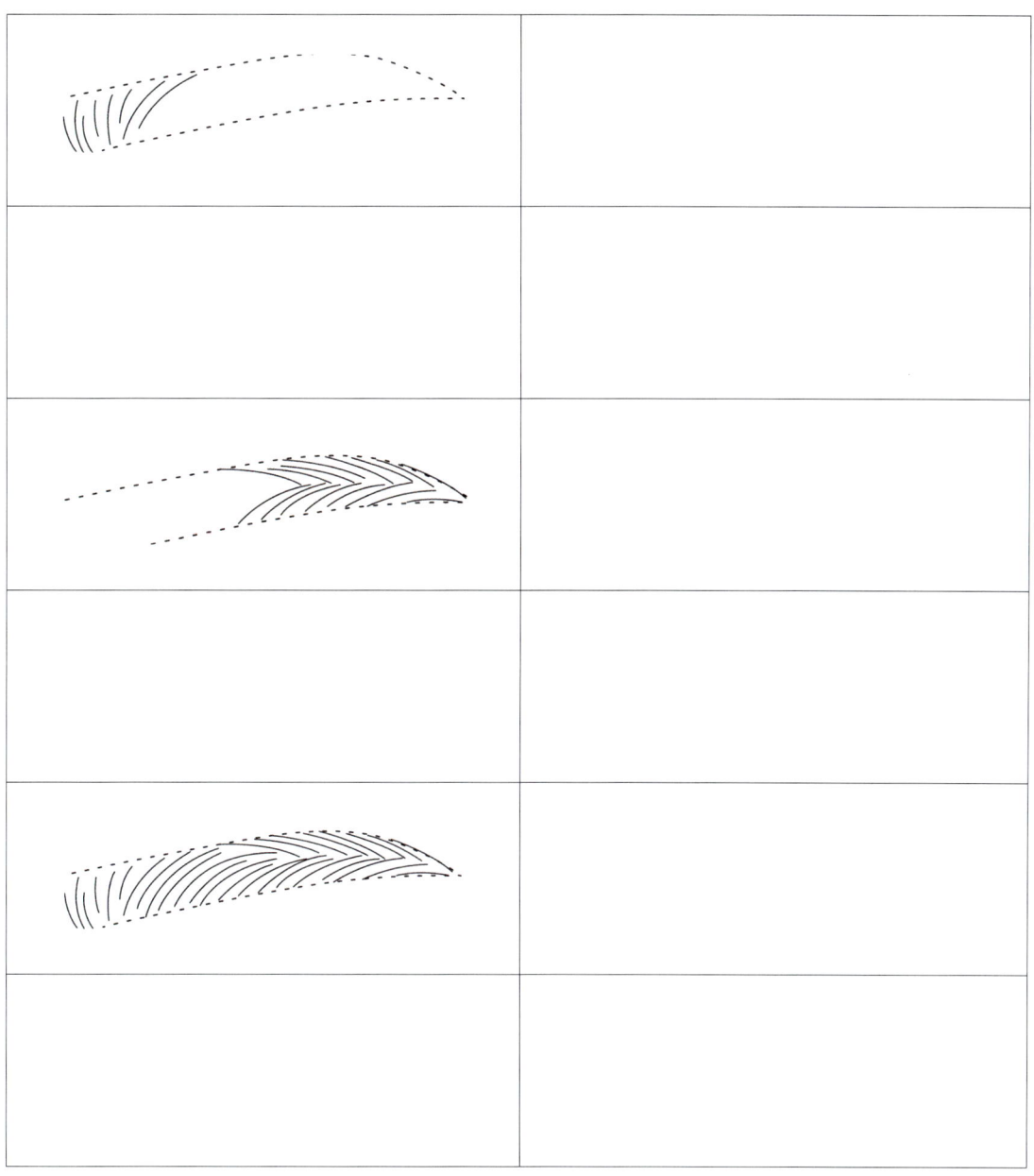

## 4) 일자형 눈썹

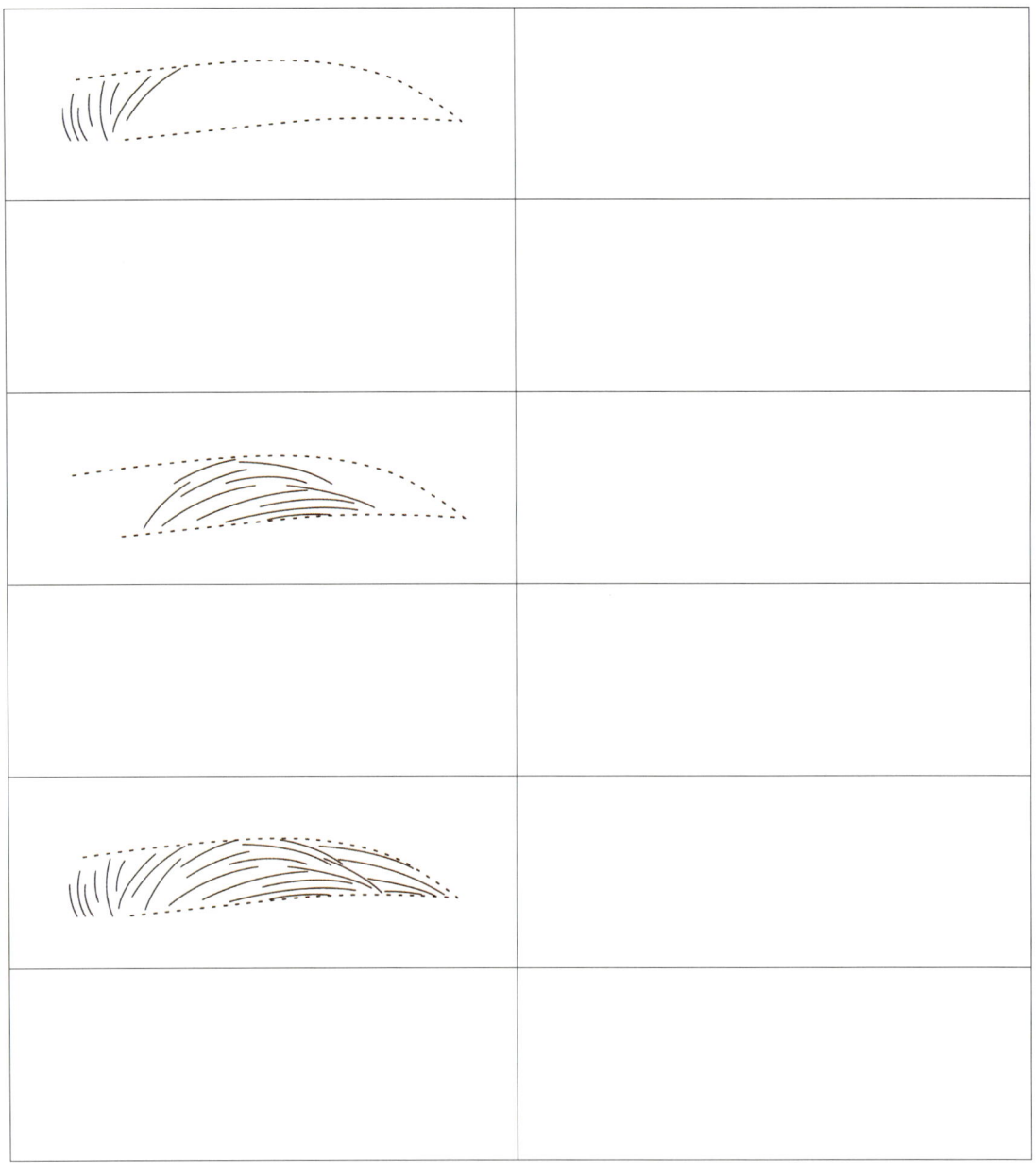

## ❷ 아이라인

### 1) 꼬리없는 아이라인

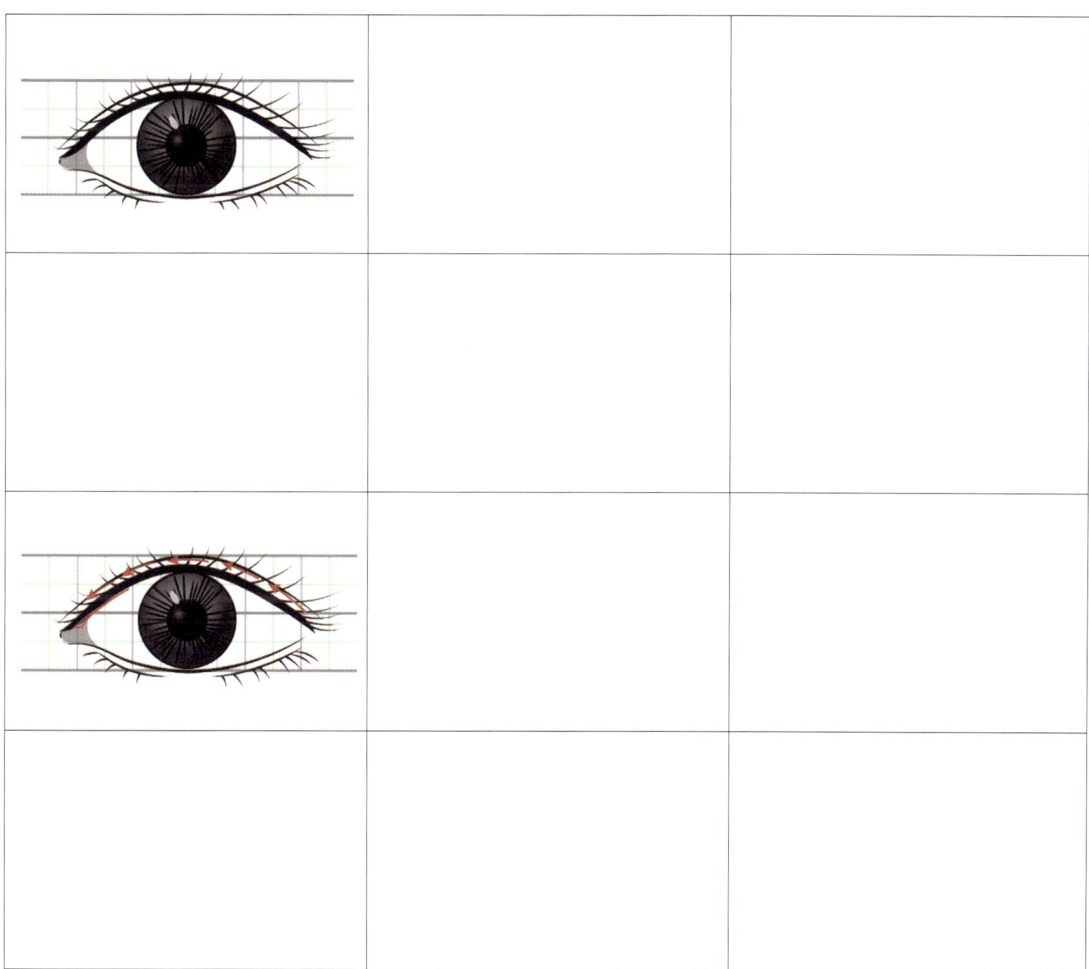

## 2) 꼬리있는 아이라인

## 3) 섹시한 아이라인

## ❸ 입술

### 1) 인커브

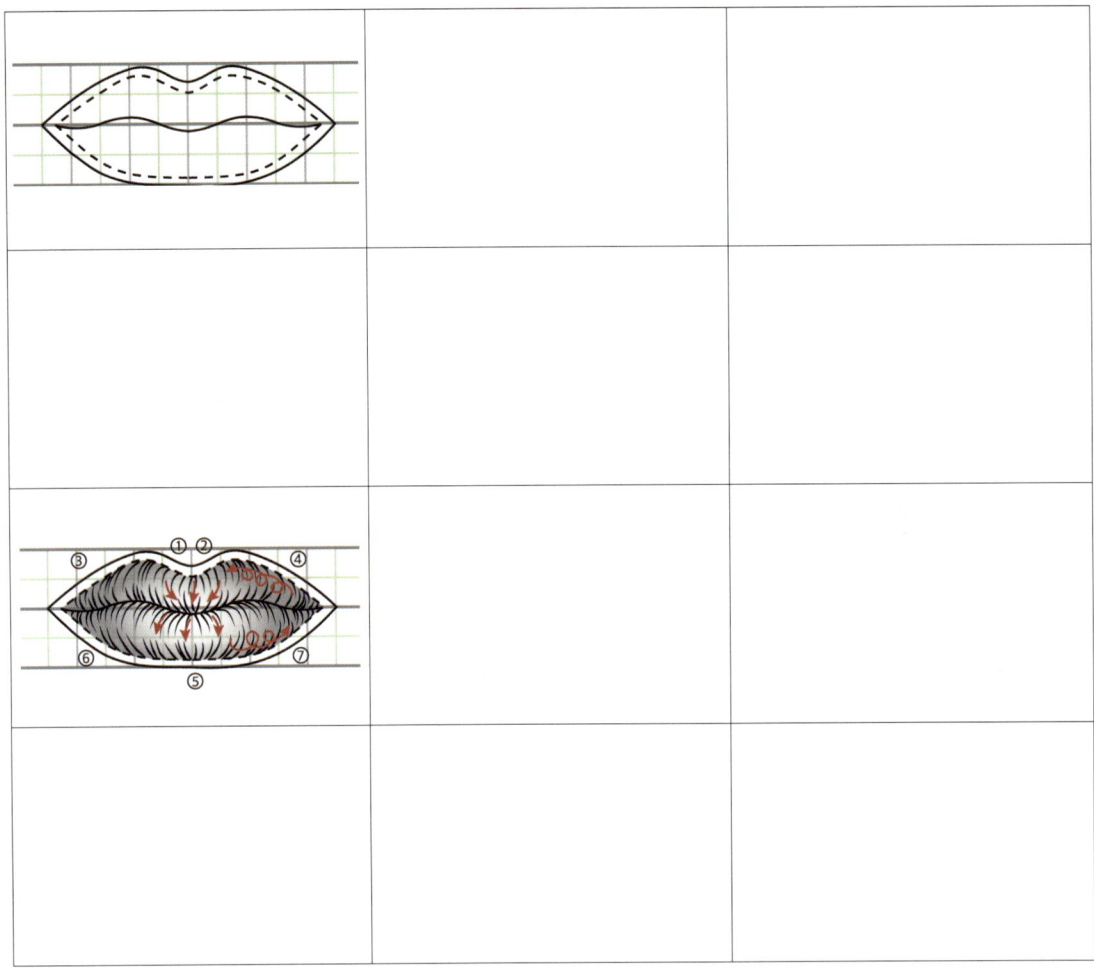

## 2) 아웃커브

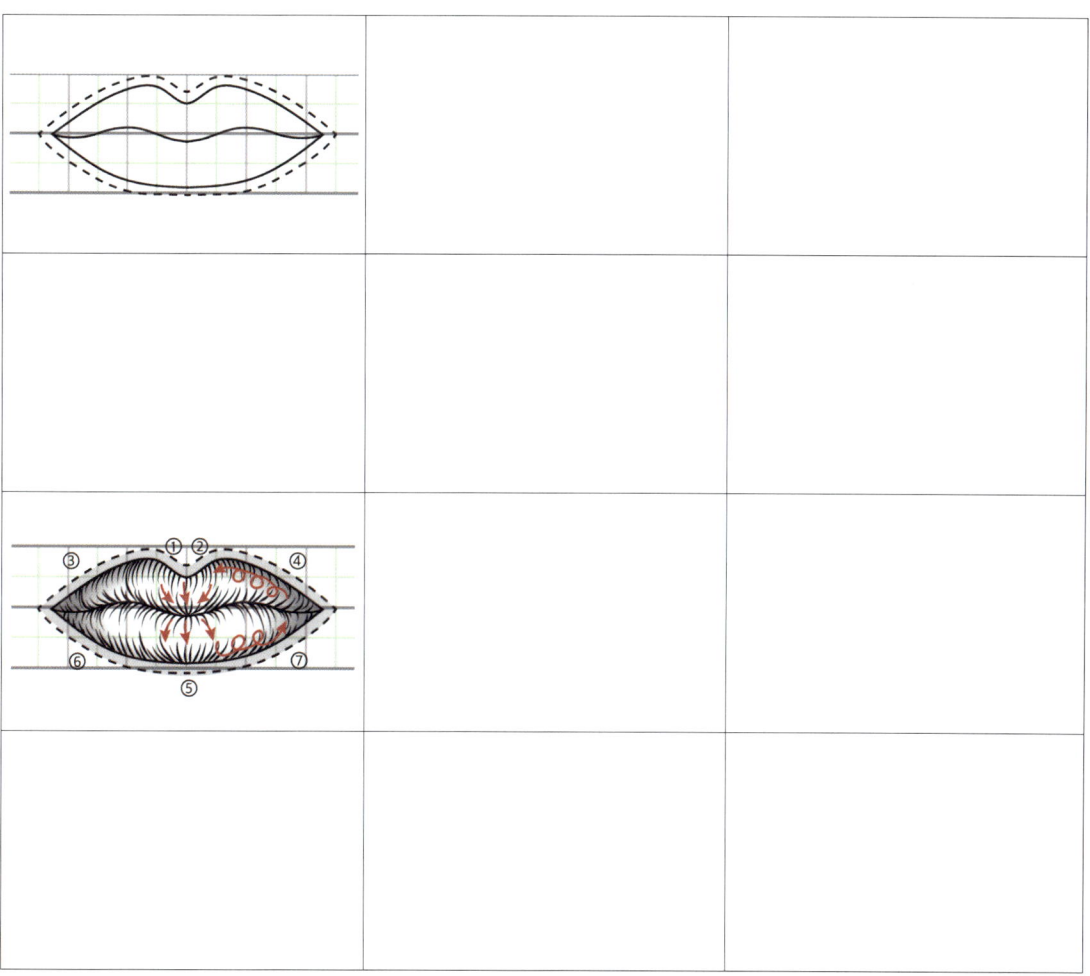

## chapter 7
# 선 연습

# PART 6

## 퍼머넌트 메이크업 실기

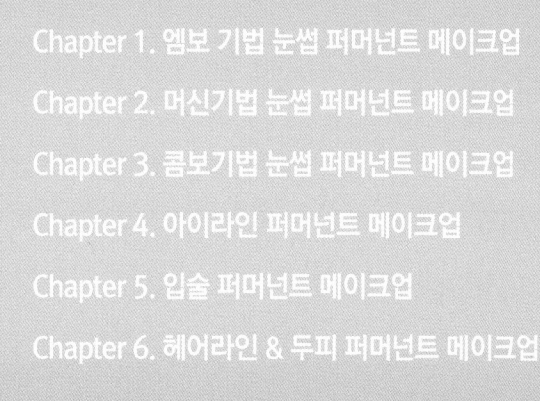

Chapter 1. 엠보 기법 눈썹 퍼머넌트 메이크업
Chapter 2. 머신기법 눈썹 퍼머넌트 메이크업
Chapter 3. 콤보기법 눈썹 퍼머넌트 메이크업
Chapter 4. 아이라인 퍼머넌트 메이크업
Chapter 5. 입술 퍼머넌트 메이크업
Chapter 6. 헤어라인 & 두피 퍼머넌트 메이크업

chapter 1
# 엠보 기법 눈썹 퍼머넌트 메이크업

엠보 시술은 전용 엠보 대와 엠보 전용 니들을 사용하여 직접 피부 표피를 긁는 기법 고객의 기본 눈썹 상태와 피부유형, 디자인 등을 고려하고 충분한 상담을 거친 후 시술이다. 이마의 근육층이 많이 늘어져 있는 노화 피부의 경우엔 엠보 시술을 피하는 것이 좋다.

## ❶ 눈썹 시술의 목적

- 얼굴형과 조화를 이루는 디자인으로 자연스러운 눈썹을 연출한다.
- 얼굴의 전체적인 이미지와 균형을 맞춘다.

## ❷ 눈썹 시술 전 체크사항

- 고객의 기본 눈썹 형태를 정확히 관찰한다.
- 사람마다 얼굴형, 골격, 이미지가 다 상이하므로 고객에게 맞는 조화로운 디자인을 연출해야 한다.
- 고객의 피부 상태, 유형 등을 관찰한다.

## ❸ 눈썹 시술의 목적

### 1) 상담하기

고객이 원하는 눈썹 이미지가 어떤 것인지 파악한다.

### 2) 통증 크림 바르기

시술할 부위보다 넓게 도포해준다.

## 3) 눈썹 디자인하기

세미퍼머넌트 메이크업은 일반 메이크업과 달리, 일정 기간 지워지지않고 유지되는 메이크업이므로 본 시술을 시작하기 전 디자인 결정에 매우 신중해야 한다.

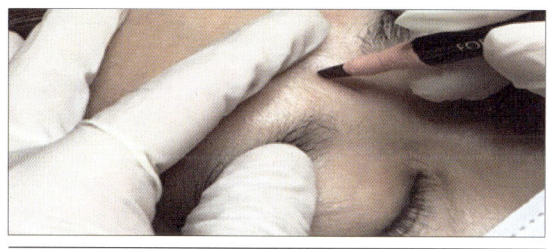

① 눈썹 앞머리가 아닌, 콧대를 기준으로 좌우대칭 잡아준다. 좌우 비대칭을 방지할 수 있다.

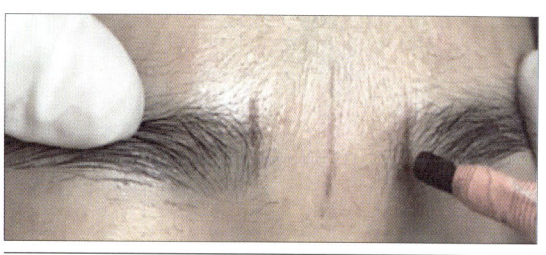

② 좌우의 눈썹 머리의 위치를 잡아준다.
가장 이상적인 미간의 넓이는 콧대를 기준으로 좌우 1.5cm, 총 3 ~ 3.5cm가 적당하다.

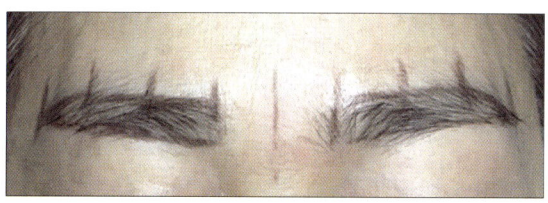

③ 콧대를 기준으로, 좌우 눈썹 앞머리, 몸통, 눈썹산, 눈썹꼬리 지점의 기준선을 잡아준다.

### 4) 눈썹 정리

디자인 잡은 선 주위의 불필요한 눈썹들을 제거해준다. 이때 최대한 고객의 눈썹을 보존하여야 자연스러운 눈썹을 연출할 수 있으므로 너무 과한 눈썹 정리는 피하도록 한다.

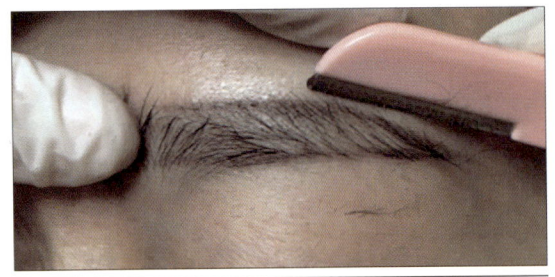

① 디자인한 눈썹 주변의 불필요한 눈썹들 정리(윗부분)

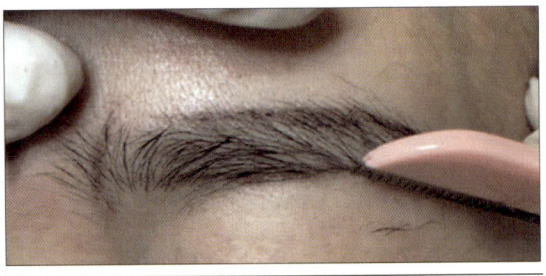

② 디자인한 눈썹 주변의 불필요한 눈썹들 정리(아랫부분)

### 5) 엠보 눈썹 시술하기

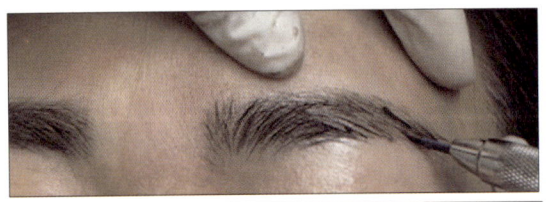

① 엠보 시술 시 니들과 피부가 닿는 부위의 각도는 80~90도 유지하도록 주의한다.

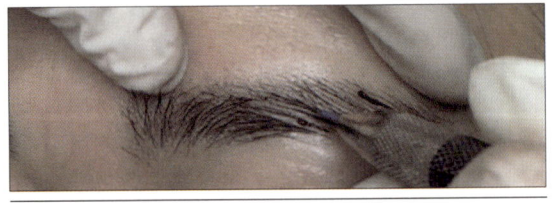

② 일반적으로 눈썹 꼬리 - 앞머리 - 몸통 순으로 시술하는 것이 편리하나, 시술자에 따라 시술 순서는 상이할 수 있다.

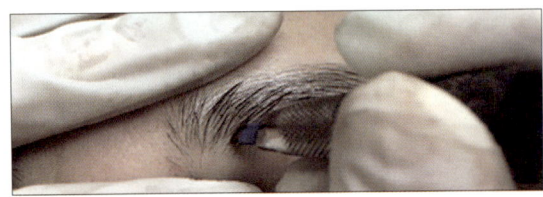

③ 눈썹 꼬리부분을 시술한후 앞머리-몸통순으로 시술한다. 엠보 시술 시에는 눈썹의 결 방향을 지키는 것이 중요하다.

· 엠보시술 6단계

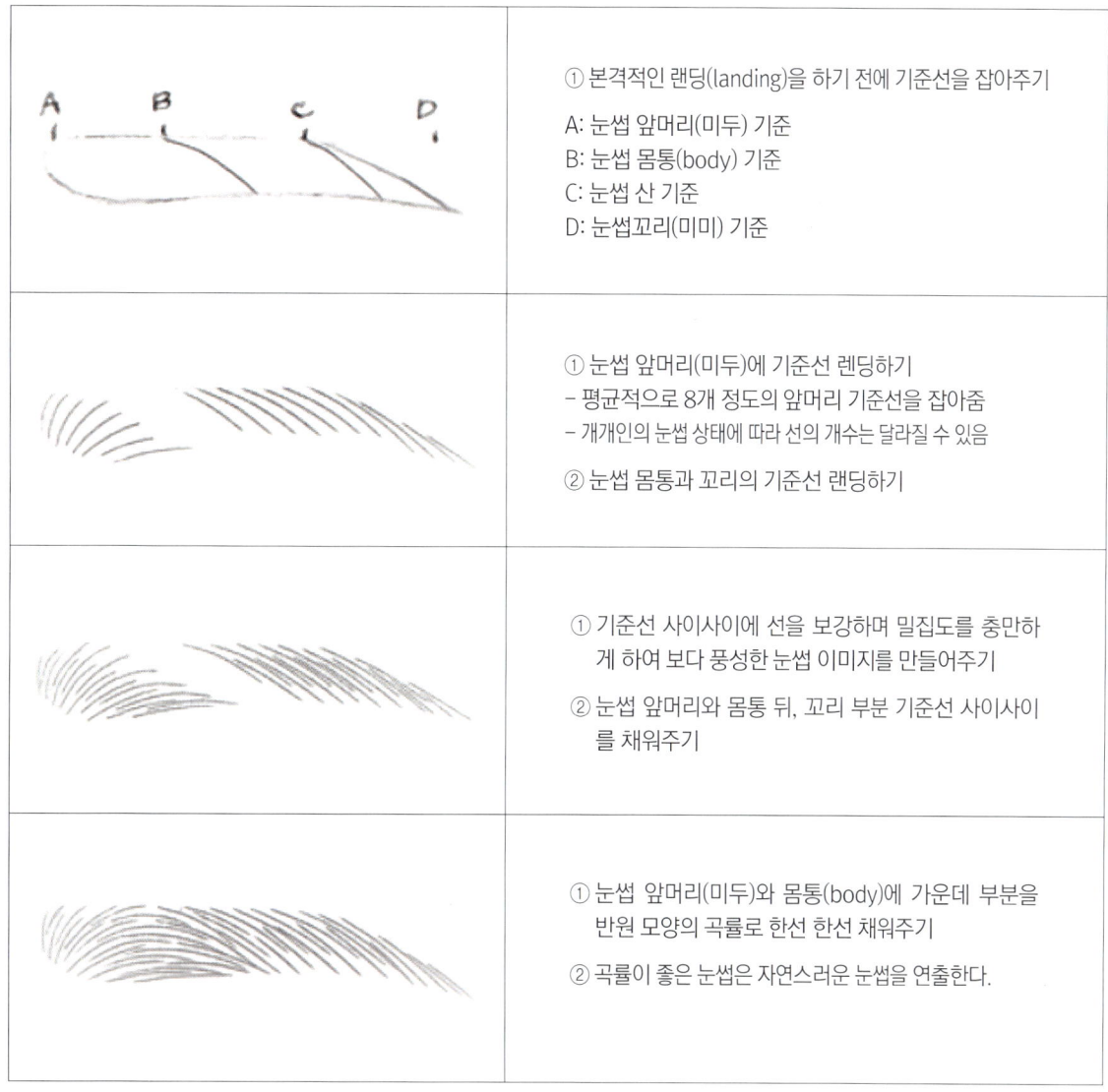

① 본격적인 랜딩(landing)을 하기 전에 기준선을 잡아주기
A: 눈썹 앞머리(미두) 기준
B: 눈썹 몸통(body) 기준
C: 눈썹 산 기준
D: 눈썹꼬리(미미) 기준

① 눈썹 앞머리(미두)에 기준선 렌딩하기
- 평균적으로 8개 정도의 앞머리 기준선을 잡아줌
- 개개인의 눈썹 상태에 따라 선의 개수는 달라질 수 있음
② 눈썹 몸통과 꼬리의 기준선 랜딩하기

① 기준선 사이사이에 선을 보강하며 밀집도를 충만하게 하여 보다 풍성한 눈썹 이미지를 만들어주기
② 눈썹 앞머리와 몸통 뒤, 꼬리 부분 기준선 사이사이를 채워주기

① 눈썹 앞머리(미두)와 몸통(body)에 가운데 부분을 반원 모양의 곡률로 한선 한선 채워주기
② 곡률이 좋은 눈썹은 자연스러운 눈썹을 연출한다.

※ 엠보 시술 시 주의사항
· 선의 간격은 비슷하게 유지하는 게 좋으며 과도하게 겹쳐지지 않도록 한다.
· 피부와 펜대와의 각도는 80° ~ 90°를 유지하여야 한다.
· 수압은 일정하게 작용하도록 한다.

## 6) 색소 도포

시술 후 시술 부위에 색소를 도포하고 5분 정도 후 닦아준다. 피부 상태나 고객의 취향에 따라 생략 가능하다.

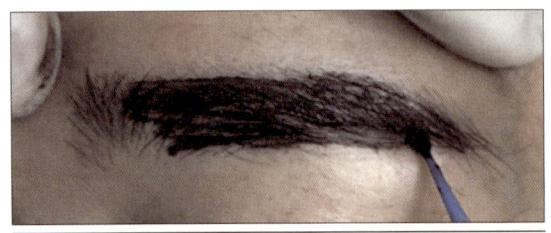

① 색의 안착을 돕기 위해 시술 부위에 시술 색소를 도포

Tip - 피부유형에 따라 색소 도포 시간을 조절해준다.
- 눈썹 앞머리는 너무 진해질 수 있으므로 색소 도포를 피하는 경우도 있다.

## 7) 시술 정리

색소를 깨끗이 닦아내고 재생크림이나 바세린을 발라준다

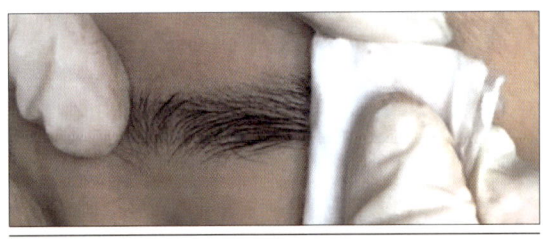

① 정제수를 적신 전용 화장솜으로 시술 부위를 부드럽게 닦아주기

Tip - 눈썹의 결 방향으로 닦아준다

### 8) 시술 후 애프터 사진을 찍는다

시술자에 따라 2번과 3번의 순서는 바뀌어도 무관하다.

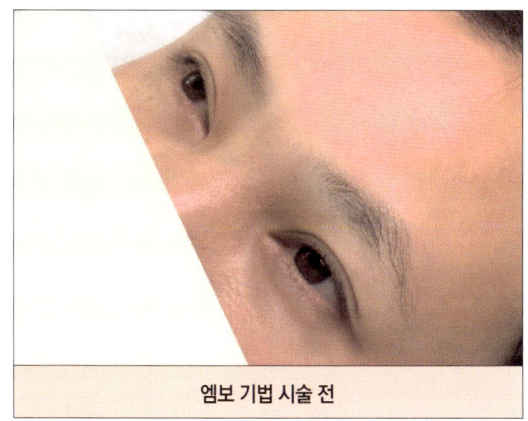
엠보 기법 시술 전

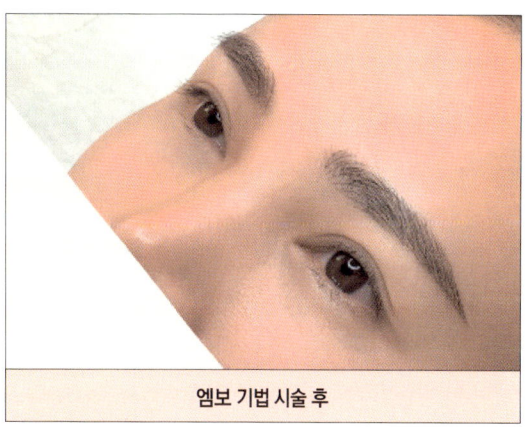
엠보 기법 시술 후

**시술 시 나타나는 현상**

- **블리딩(Bleeding)현상:** 색소를 안착시키는 과정에서 피부가 색소를 밀어내는 현상.
  - 시술 직후 1~4, 5일 정도 안착되지 않은 색소가 피부 바깥으로 나오는 현상으로 시술후 2~3일 정도의 색감 이미지가 훨씬 더 진하게 보이게 된다.
  - 시술과정: 색소 → 혈 → 유분
  - 시술 후 과정: 공기 → 딱지
- **림프(Limp)현상:** 일종의 피부의 핸디캡(지성피부 등)을 말하며 피부가 미세하게 부풀어 오르거나 살이 묽어지는 현상(시술하기 매우 곤란한 현상)

chapter 2
# 머신기법 눈썹 퍼머넌트 메이크업

## ❶ 머신기법의 종류

### 1) 머신그러데이션(면)

머신그러데이션 눈썹은 퍼머넌트 전용 머신과 니들을 이용하여 눈썹 전체 면을 채우는 기법으로, 눈썹 앞 머리부터 눈썹꼬리로 갈수록 색감을 점점 진하게 표현하여 전체적으로 그러데이션을 표현하는 기술이다.

### 2) 머신 점묘법(점)

머신을 이용하여 점을 반복하여 찍어서 눈썹의 그러데이션을 표현하는 기법이다. 시술 시 디자인 잡기와 디테일한 부위의 수정이 용이한 장점이 있다.

### 3) 머신 패더링 기법(선)

머신을 이용하여 한 올 한 올 눈썹결을 그려 넣는 기법이다. 엠보 기법 눈썹과 비슷한 연출효과를 기대할수 있다.

## ❷ 눈썹 시술 전 체크사항

- 고객의 기본 눈썹 형태를 정확히 관찰한다.
- 사람마다 얼굴형, 골격, 이미지가 다 상이하므로 고객에게 맞는 조화로운 디자인을 연출해야 한다.
- 고객의 피부 상태, 유형 등을 관찰한다.

## ❸ 세미퍼머넌트 메이크업 눈썹 시술 순서

### 1) 상담하기

고객이 원하는 눈썹 이미지가 어떤 것인지 파악한다.

## 2) 통증 크림 바르기

시술할 부위보다 넓게 도포해준다.

① 시술 부위에 통증크림 바른 후 시술 전용 커버랩으로 랩핑

Tip - 커버랩은 마취시간을 단축시킨다.
- 피부가 민감한 경우 커버랩 사용하지 않을 수 있음
- 눈썹 시술 시 커버랩 시간은 보통 20~30분 유지

## 3) 눈썹 디자인하기

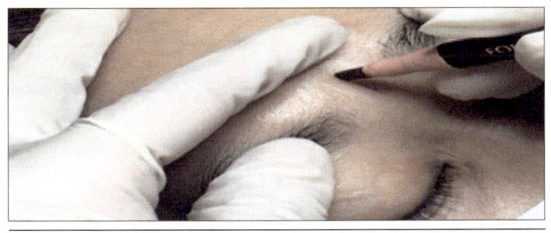

① 콧대를 기준으로 좌우대칭 잡기

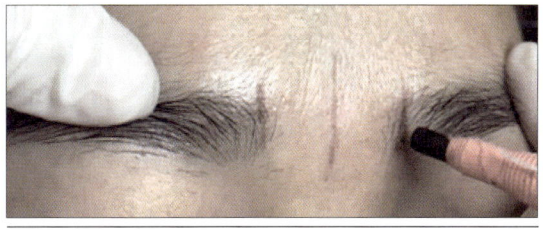

② 좌우의 눈썹 머리의 위치 잡기

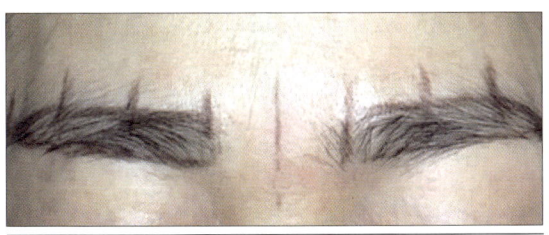

③ 눈썹 앞머리, 몸통, 눈썹산의 기준선 잡기

## 4) 눈썹 정리

디자인 잡은 선 주위의 불필요한 눈썹들을 제거해준다.

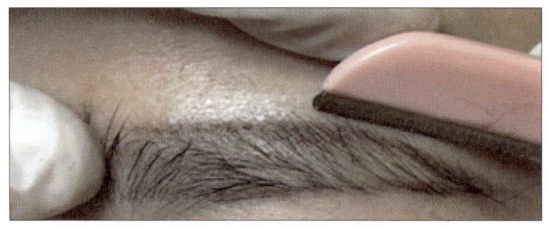

① 디자인한 눈썹 주변의 불필요한 눈썹들을 정리(윗부분)해준다. 머신기법 눈썹의 특징상, 시술 부위 주변의 눈썹들은 깔끔하게 정리하는 것이 좋다.

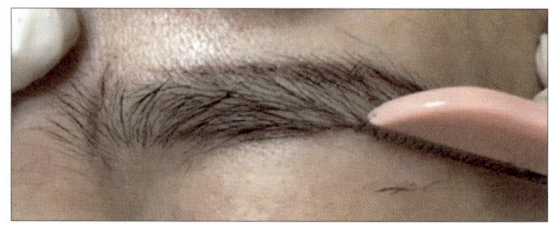

② 디자인한 눈썹 주변의 불필요한 눈썹들 정리(아랫부분)

## 5) 머신눈썹 시술하기

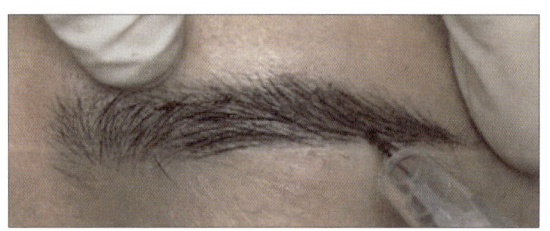

① 머신그러데이션, 머신 점묘법 시술 시에 압을 세게 주지 않고, 부드럽게 여러 번 반복하여 시술한다. 시술 시 압이 세거나 일정하지 않을 경우, 착색 시에 얼룩의 원인이 된다.

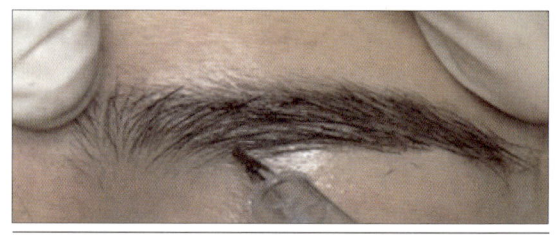

② 머신 패더링 기법 시술 시, 기존눈썹의 결 방향을 잘 관찰하여 눈썹 사이사이를 한 올 한 올 그려서 자연스럽게 표현준다.

· **머신기법의 시술하기**

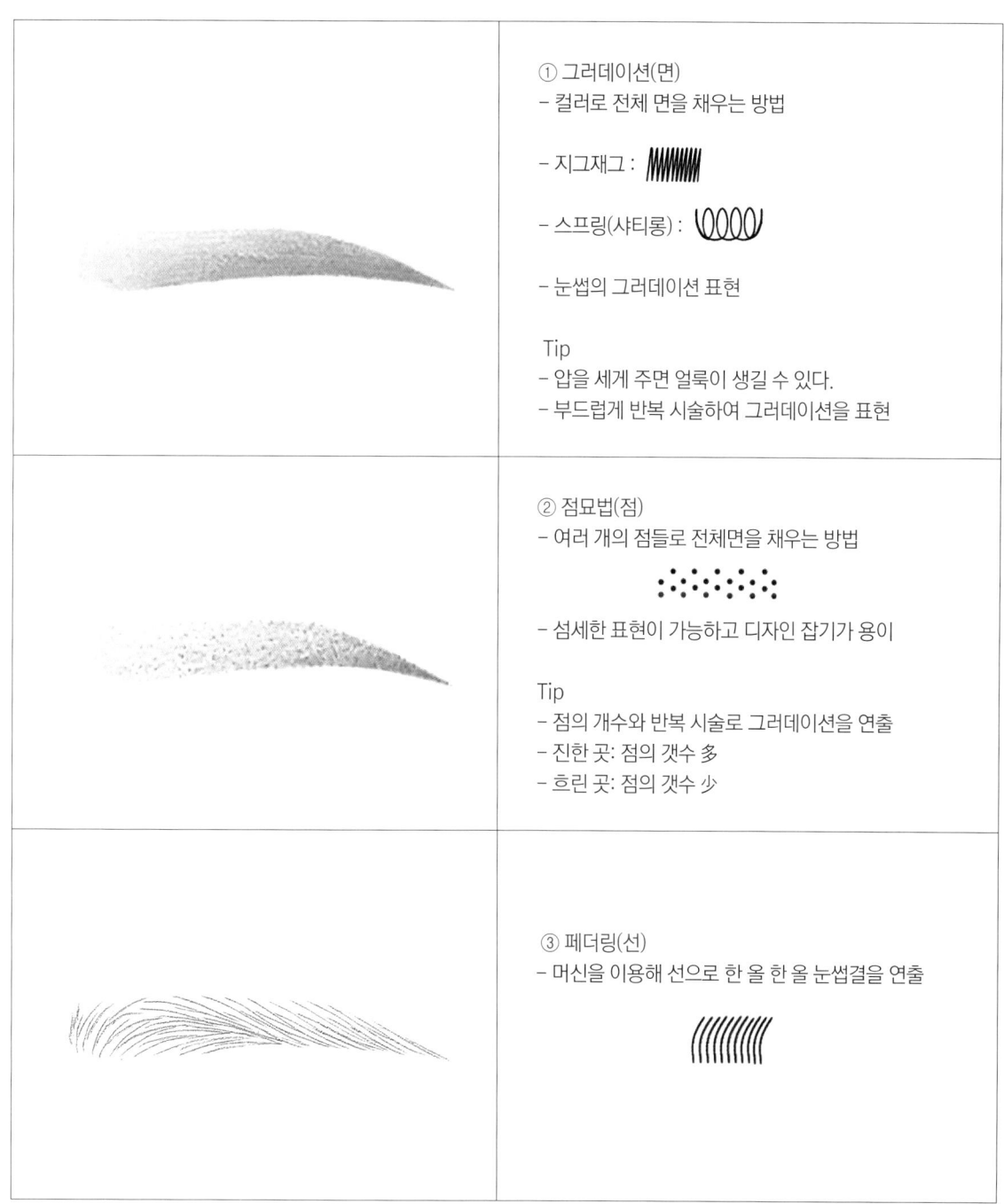

① 그러데이션(면)
- 컬러로 전체 면을 채우는 방법

- 지그재그 : 〰️

- 스프링(샤티롱) : ⟲⟲⟲⟲

- 눈썹의 그러데이션 표현

Tip
- 압을 세게 주면 얼룩이 생길 수 있다.
- 부드럽게 반복 시술하여 그러데이션을 표현

② 점묘법(점)
- 여러 개의 점들로 전체면을 채우는 방법

- 섬세한 표현이 가능하고 디자인 잡기가 용이

Tip
- 점의 개수와 반복 시술로 그러데이션을 연출
- 진한 곳: 점의 갯수 多
- 흐린 곳: 점의 갯수 少

③ 페더링(선)
- 머신을 이용해 선으로 한 올 한 올 눈썹결을 연출

## 6) 색소 도포

시술 후 시술 부위에 색소를 도포하고 5분 정도 후 닦아준다. 피부 상태나 고객의 취향에 따라 생략 가능하다.

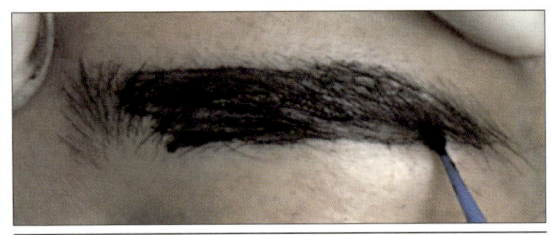

① 색의 안착을 돕기 위해 시술 부위에 시술 색소를 도포

Tip - 피부유형에 따라 색소 도포 시간을 조절해준다.
- 눈썹 앞머리는 너무 진해질 수 있으므로 색소 도포를 피하는 경우도 있다.

## 7) 시술 정리

색소를 깨끗이 닦아내고 재생크림이나 바세린을 발라준다.

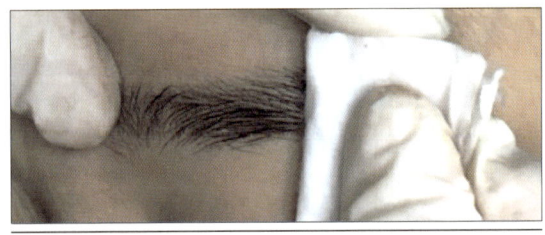

① 정제수를 적신 전용 화장솜으로 시술 부위를 부드럽게 닦아주기

Tip - 눈썹의 결 방향으로 닦아준다.

## 8) 시술 후 애프터 사진을 찍는다

시술자에 따라 2번과 3번의 순서는 바뀌어도 무관하다.

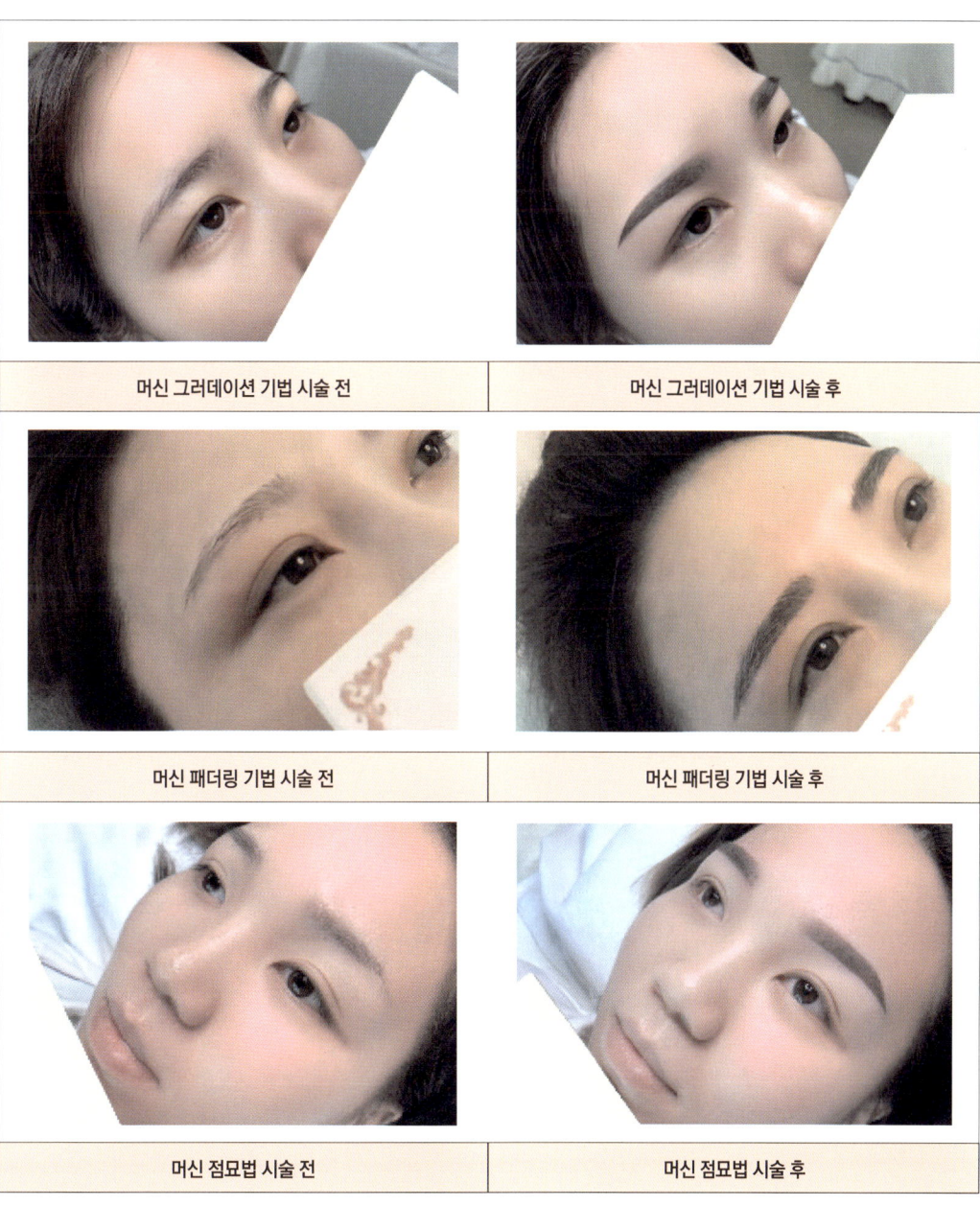

chapter 3
# 콤보기법 눈썹 퍼머넌트 메이크업

### ① 콤보기법

눈썹 시술 시 두 가지 이상의 서로 다른 기법을 섞어서 표현하는 기법을 말한다. 콤보 기법의 종류에는 머신 그러데이션+엠보 / 엠보+머신점묘법 이 두 가지 방법이 대표적이다.

### ② 콤보기법 눈썹의 특징

· 면과 선을 혼합하여 사용하므로 완성도가 높다.
· 완성도가 높은 만큼 착색의 유지 기간이 길다.

### ③ 콤보기법 시술 시 주의사항

두 가지 기술을 사용하므로 압이 강할 경우 피부 자극이 심할 수 있으므로 두 가지(면, 선) 기법 모두 부드럽게 시술하도록 주의하여야 한다.

### ④ 세미퍼머넌트 메이크업 눈썹 시술 순서

#### 1) 상담하기

고객이 원하는 눈썹 이미지가 어떤 것인지 파악한다.

## 2) 통증 크림 바르기

시술할 부위보다 넓게 도포해준다.

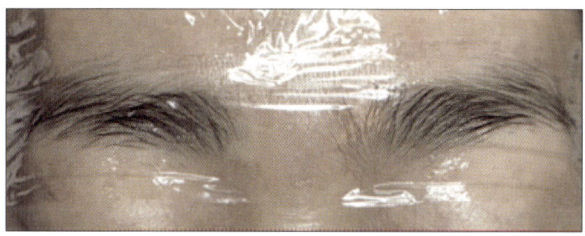

① 시술 부위에 통증크림 바른 후 시술 전용 커버랩으로 랩핑

Tip - 커버랩은 마취시간을 단축시킨다.
- 피부가 민감한 경우 커버랩 사용하지 않을 수 있음
- 눈썹 시술 시 커버랩 시간은 보통 20~30분 유지

## 3) 눈썹 디자인하기

일반 메이크업과 달리, 일정 기간 유지되는 메이크업이므로 디자인 결정에 매우 신중해야 한다.

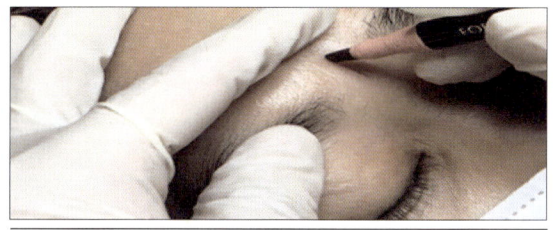

① 콧대를 기준으로 좌우대칭 잡기

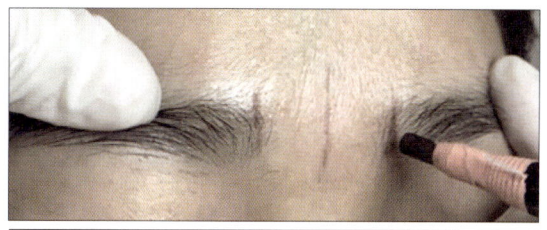

② 좌우의 눈썹 머리의 위치 잡기

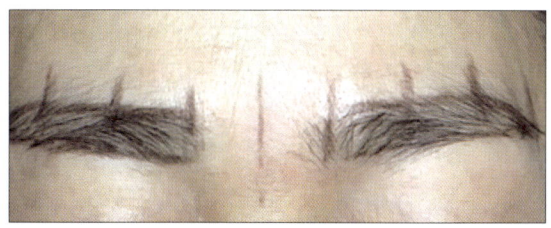

③ 눈썹 앞머리, 몸통, 눈썹산의 기준선 잡기

## 4) 눈썹 정리

디자인 잡은 선 주위의 불필요한 눈썹들을 제거해준다.

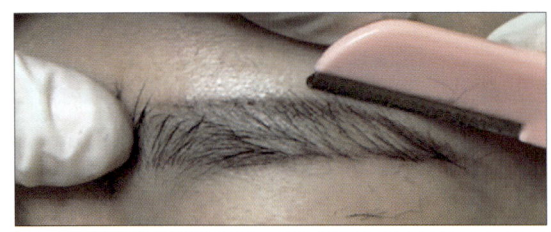

① 디자인한 눈썹 주변의 불필요한 눈썹들 정리(윗부분)

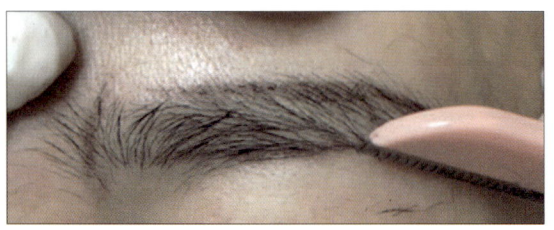

② 디자인한 눈썹 주변의 불필요한 눈썹들 정리(아랫부분)

## 5) 콤보기법 눈썹 시술하기

고객의 기본 눈썹 상태와 피부유형, 디자인 등을 고려하여 어떤 기법을 사용할지 결정하여 시술한다.

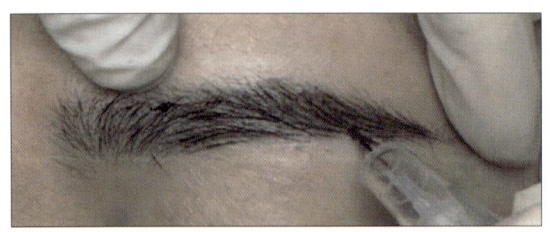

① 머신을 이용 하여 압을 세게 주지 않고 반복하여 시술하여 색이 강하지 않도록 눈썹 전체를 한 톤으로 부드럽게 채워준다.

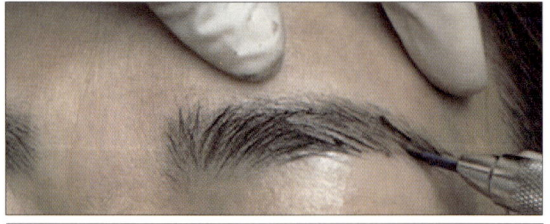

② 머신으로 전체 면을 채운 뒤 엠보 기법으로 눈썹 결을 그려 넣어준다.

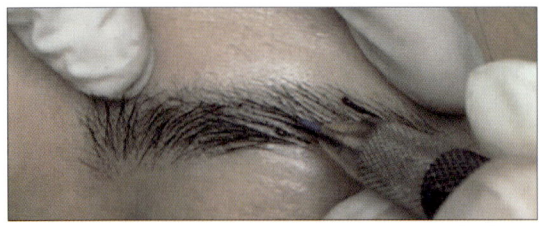

③ 콤보시술 시, 엠보선은 눈썹 숱이 부족한 곳 위주로 채워준다. 엠보로 전체를 채우게 되면 피부자극이 강하고 얼룩이 생길 수 있다.

· **콤보기법 시술하기**

① 콤보기법(면+선)
- 면과 선을 합쳐서 눈썹을 표현하는 방법

## 6) 색소 도포

시술 후 시술 부위에 색소를 도포하고 5분 정도 후 닦아준다. 피부 상태나 고객의 취향에 따라 생략 가능하다.

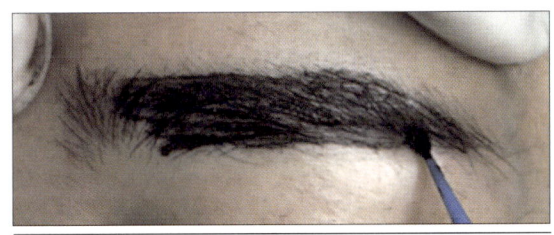

① 색의 안착을 돕기 위해 시술 부위에 시술 색소를 도포

Tip - 피부유형에 따라 색소 도포 시간을 조절해준다.
 - 눈썹 앞머리는 너무 진해질 수 있으므로 색소 도포를 피하는 경우도 있다.

## 7) 시술 정리

색소를 깨끗이 닦아내고 재생크림이나 바세린을 발라준다.

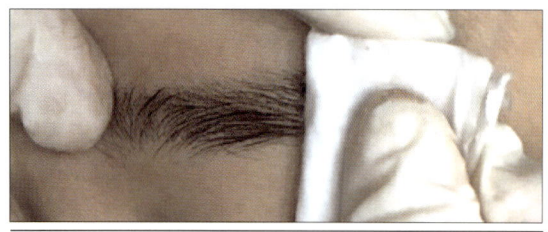

① 정제수를 적신 전용 화장솜으로 시술 부위를 부드럽게 닦아주기

Tip - 눈썹의 결 방향으로 닦아준다.

## 8) 시술 후 애프터 사진을 찍는다

시술자에 따라 2번과 3번의 순서는 바뀌어도 무관하다.

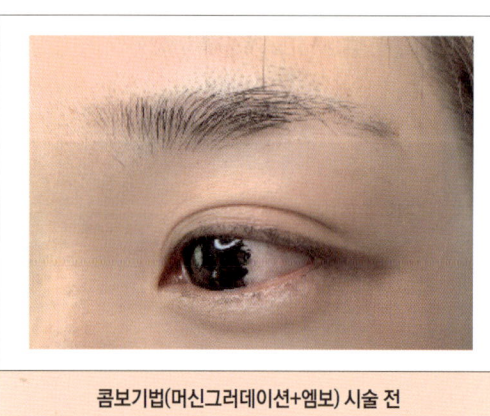 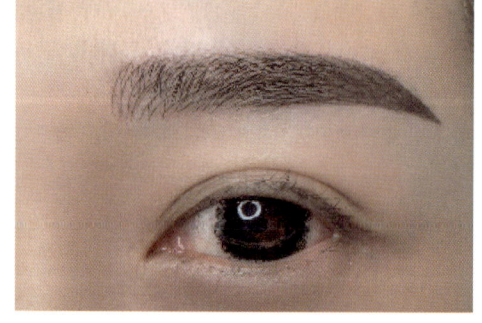

콤보기법(머신그러데이션+엠보) 시술 전 | 콤보기법(머신그러데이션+엠보) 시술 후

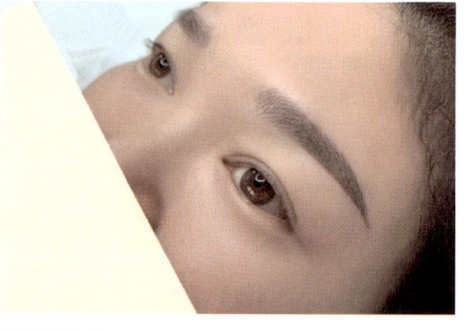

콤보기법(엠보+머신점묘) 시술 전 | 콤보기법(엠보+머신점묘) 시술 후

## chapter 4
# 아이라인 퍼머넌트 메이크업

### ① 아이라인 시술의 목적

- 눈매를 선명하고 또렷하게 연출하여 세련된 이미지를 가지게 한다.
- 눈의 형태를 수정하고 보완할 수 있다.
- 아이라인 시술은 눈동자와 아이라인의 일체감을 주어 눈매가 또렷하고 깊어 보이게 하는 장점이 있다.

### ② 아이라인 시술 전 체크사항

- 속눈썹 연장은 속눈썹 제거 후 시술을 하는 것이 좋다.
- 쌍꺼풀 시술이나 시력 교정술을 받았는지 혹은 시술 계획이 있는지를 파악한다.
- 렌즈 착용 여부를 확인한다.

### ③ 아이라인 시술 순서

#### 1) 상담하기

시술 전 체크사항을 고려하여 고객과 꼼꼼히 상담을 한다.

#### 2) 아이라인 디자인

고객의 눈 형태를 파악하고 아이라인의 윙(꼬리) 여부를 결정한다.

### 3) 통증 크림 바르기

속눈썹 사이 사이의 빈 공간을 마사지하듯 발라준다.

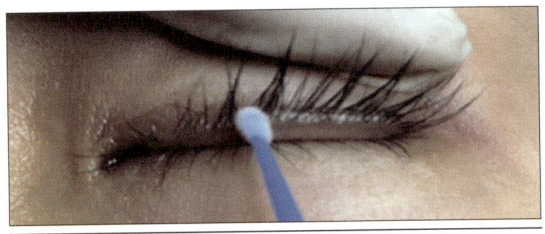

① 마이크로 면봉으로 통증크림 바르기 : 15~20분

Tip - 속눈썹 사이사이를 섬세하게 도포해준다.
- 통증크림 도포 시 랩핑하지 않는다.

### 4) 시술하기

고객의 긴장감을 낮추기 위해 눈매의 가운데 부분부터 시술을 시작한다.

① 고객의 눈매를 파악하고 좌우대칭을 맞춘 후 시술

※ 주의 - 눈물샘을 자극하지 않는다.
- 마이봄선을 건드리는 과한 점막시술을 하지 않는다.

## 5) 색소 도포

시술 후 시술 부위에 색소를 도포하고 5분 정도 후 닦아준다.

## 6) 마무리

식염수나 인공눈물로 눈동자의 이물질들을 씻어낸다.

## 7) 시술 후 애프터 사진을 촬영한다.

| 아이라인 시술 전 | 아이라인 시술 후 |

※ **아이라인 시술 시 주의사항**
- 아이 라인은 시술 부위 중 가장 예민한 부위이므로 과도한 테크닉은 삼가한다.
- 눈물샘을 자극하지 않도록 한다.
- 마이봄선(meibomian gland)은 지방을 분비하는 선으로, 마이봄선을 건드리는 과도한 점막 시술은 안구 건조증을 유발시킬 수 있다.

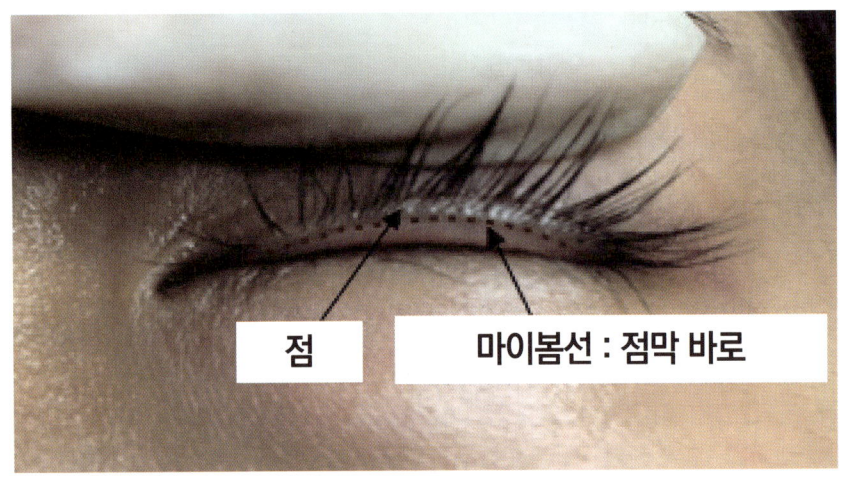

## chapter 5
# 입술 퍼머넌트 메이크업

## ❶ 입술 시술의 목적

· 불균형한 입술의 형태나 색상을 바로잡아 생동감 있고 매력적인 인상을 가지게 한다.

· 입술에 생긴 흉터를 커버할 수 있다.

## ❷ 입술 시술 전 체크사항

· 고객의 입술 수포 발생여부를 확인하고 숙지시킨다

· 입술의 건강 상태를 확인한다.

## ❸ 입술 시술 순서

### 1) 상담하기

시술 전 체크사항을 고려하여 고객과 꼼꼼히 상담을 한다.

### 2) 입술라인 디자인

고객의 입술 형태를 파악하여 위아래의 두께 비율을 맞추고 라인을 균형있게 잡아준다.

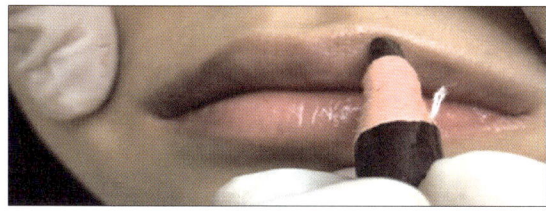 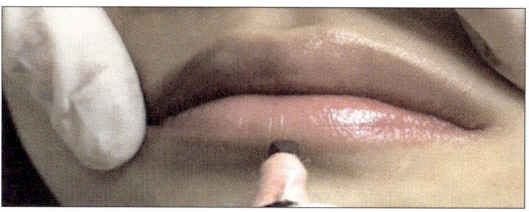

① 인중을 기준으로 좌우 기준을 잡아 디자인
두께 비율 – 윗입술 : 아랫입술 = 1 : 1.5

Tip – 늘이거나(outcover) 줄일(incover) 때 0.2mm 이내로 디자인한다.

### 3) 통증 크림 바르기

시술 부위에 맞게 도포한 후 랩핑을 해준다.

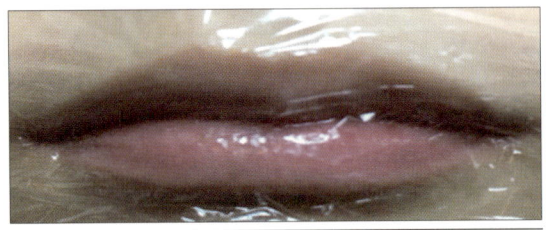

① 통증크림 도포 후 커버랩으로 랩핑

Tip - 입술 각질이 심한 경우 각질제거를 먼저 해준다.

### 4) 시술하기

디자인 선이 변경되지 않도록 주의하여 시술한다.

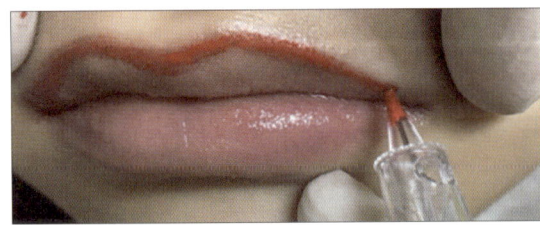

① 디자인선에 따라 섬세하게 라인을 잡은 후 전체 면을 채우기

## 5) 색소 도포

시술 후 시술 부위에 색소를 도포하고 5분 정도 후 닦아준다.

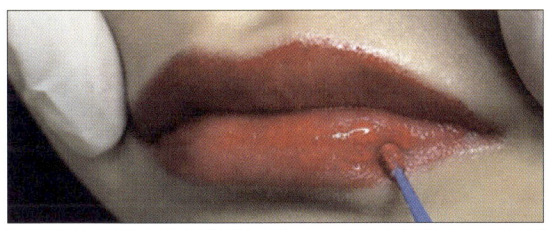

① 시술 후 색소 안착을 위해 시술 부위 전체에 시술 색소를 도포해준다.

## 6) 마무리

색소 도포 후 5~10분 유지 후 색소를 부드럽게 닦아주고 입술 주위를 깨끗이 정리한 후 재생크림을 발라 마무리한다.

## 7) 시술 후 애프터 사진을 촬영한다.

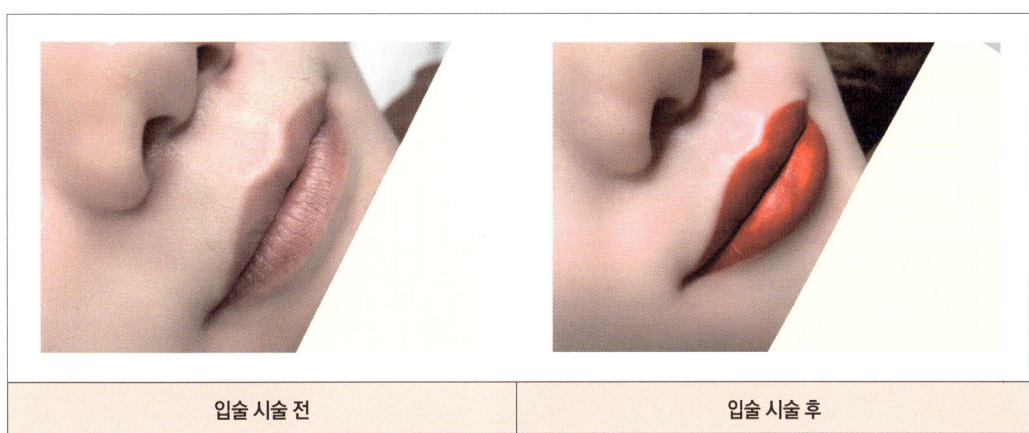

| 입술 시술 전 | 입술 시술 후 |

### ※ 입술 시술 시 주의사항

- 입술 디자인을 늘리거나 줄이는 범위는 0.2mm를 넘기지 않도록 한다.
- 색소 침착의 가능성이 있으므로 시술 시 손의 압을 세게 주지 않는다.
- 시술 후 립밤이나 바세린을 일주일간 발라준다.
- 입술 시술 후 2~3일은 뜨겁거나 자극적인 음식을 삼간다.
- 시술 후 입술 각질을 억지로 떼어내지 않는다.

## chapter 6
# 헤어라인 & 두피 퍼머넌트 메이크업

### ❶ 헤어라인 시술의 목적

- 불규칙한 헤어 라인을 정리하여 또렷하고 선명한 얼굴 이미지를 연출한다.
- 넓은 이마를 커버하여 얼굴을 작아보이게 하는 효과가 있다.
- 헤어라인의 머리숱을 풍성하게 하여 동안의 효과를 연출한다.

### ❷ 헤어라인 시술 전 체크사항

- 고객의 현재 헤어라인 상태를 파악한다.
- 두피의 건강 상태를 파악한다.

### ❸ 헤어라인 시술 순서

#### 1) 상담하기

시술 전 체크사항을 고려하여 고객과 꼼꼼히 상담을 한다.

#### 2) 헤어라인 디자인

고객의 헤어라인 형태를 파악하여 과도하지 않은 디자인으로 자연스럽게 연출한다.

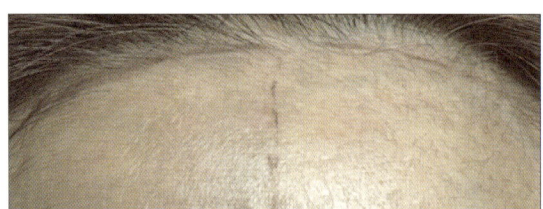 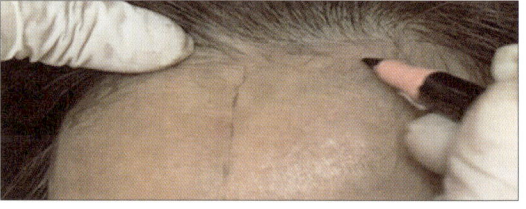

① 이마 중앙을 기준으로 좌우대칭을 잡아주기

### 3) 통증 크림 바르기

시술 부위보다 넓게 도포한 후 랩핑을 해준다.

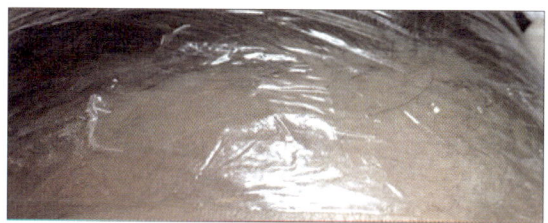

① 통증크림 도포 후 커버랩으로 랩핑

### 4) 시술하기

헤어라인 시술 부위는 표피가 얇고 예민하므로 압을 세게 주지 않도록 주의하여 시술한다.

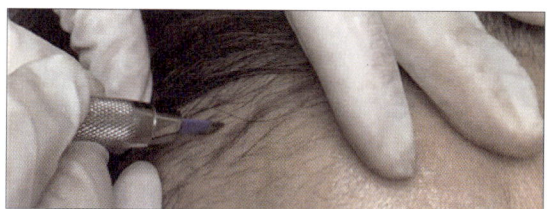 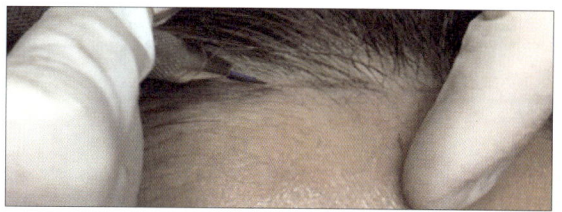

① 엠보 기법으로 머리카락 결 방향을 따라 한 올 한 올 그려준다. 시술 시 엠보 니들과 피부의 각도는 80~90도를 유지해준다.

### 5) 색소 도포

색소 안착을 위해 시술 부위에 색소를 도포해주며, 필요시 랩핑을 해주어도 무관하다.

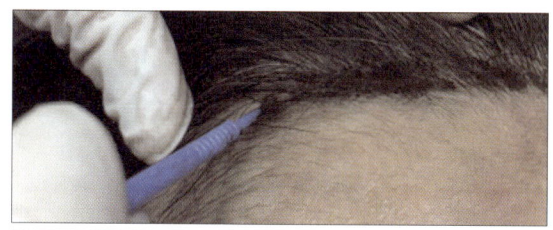

① 시술 후 시술 부위에 색소를 시술 결 방향을 따라 도포해준다.

## 6) 마무리

5~10분 유지 후 도포한 색소를 닦아주고 시술 부위 주변을 깨끗이 정리해준다.

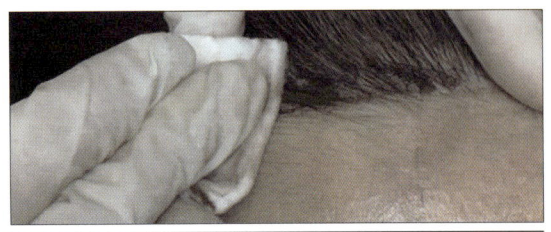

① 정제수를 적신 전용 화장솜으로 시술 부위를 부드럽게 닦아 재생 크림을 발라 마무리해준다.

## 7) 시술 후 애프터 사진을 촬영한다.

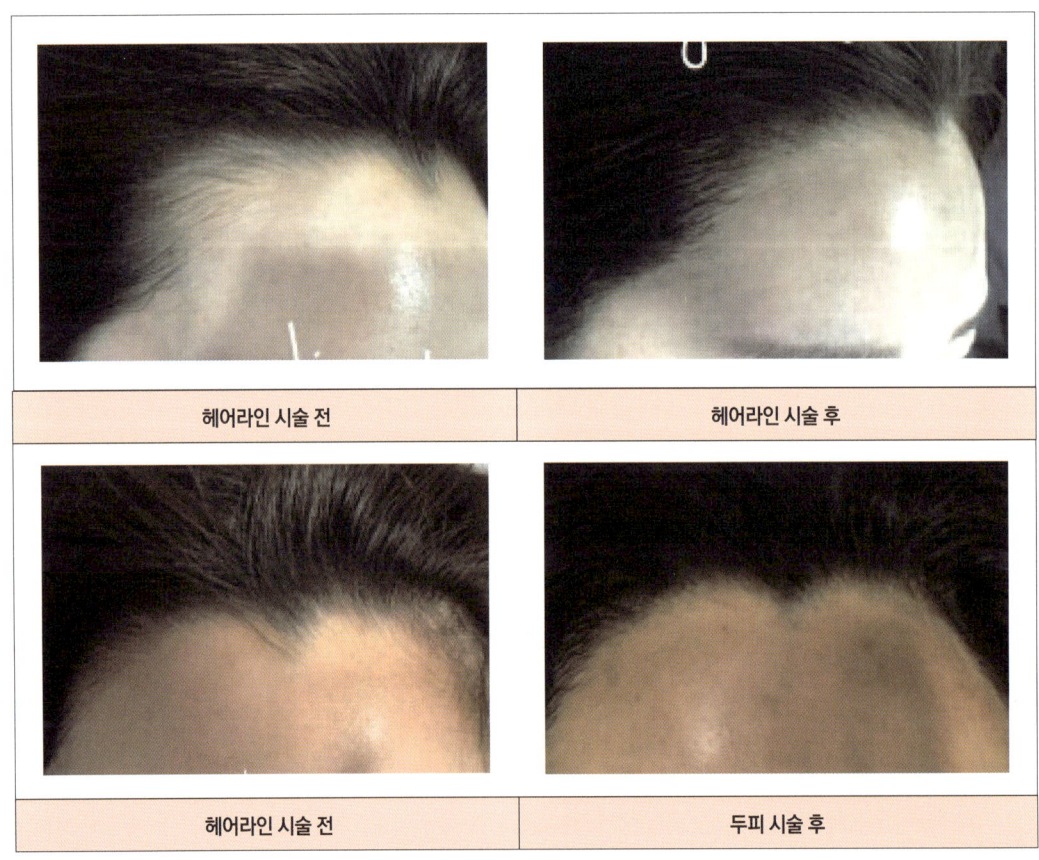

| 헤어라인 시술 전 | 헤어라인 시술 후 |
| 헤어라인 시술 전 | 두피 시술 후 |

| 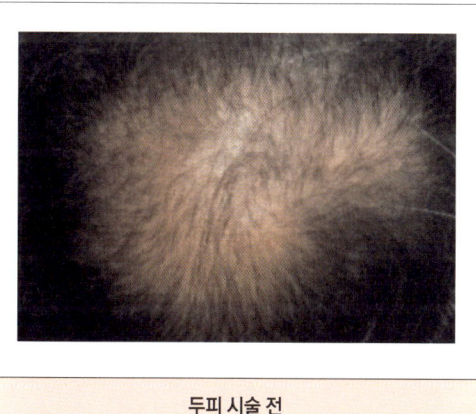 | 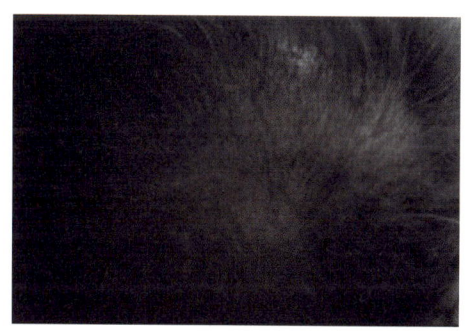 |
|---|---|
| 두피 시술 전 | 두피 시술 후 |
| 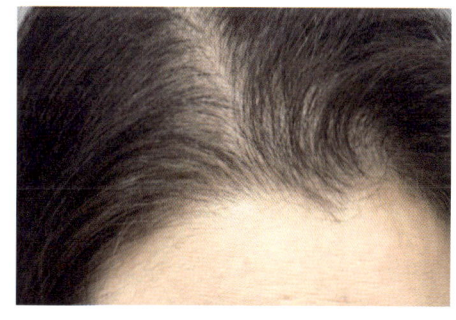 | 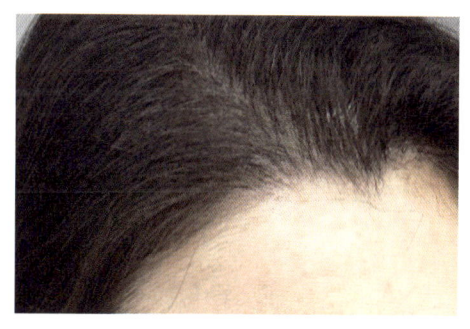 |
| 두피 시술 전 | 두피 시술 후 |

### ※ 세미퍼머넌트 메이크업 시술 후 주의사항

- 시술 후 1주일 간 사우나, 찜질방, 수영장 등 물과 습기가 많은 곳은 피해야 한다.
- 시술 후 1주일 간 과도하게 땀을 흘리는 운동은 삼가 하는 것이 좋다.
- 시술 부위가 재생 될 때까지 음주와 흡연은 삼가해 준다.
- 시술 당일 간단한 세안과 샤워는 가능하나 시술 부위는 시술 부위를 문지르지 않는다.
- 시술 부위가 붓거나 통증이 있을 경우 냉찜질을 해준다.
- 아이라인의 경우 시술 당일과 다음 날 아침 부을 수 있으므로 시술 후 10~15분가량 냉찜질을 해준다. 이때 시술 부위에 물이 직접 닿지 않도록 한다.
- 아이라인 시술 부위의 통증과 붓기가 심한 경우, 안연고를 5일간 1일 1회 발라준다.
- 시술한 부위를 자주 만지거나 해서 딱지를 억지로 떨어지게 해서는 안 된다.
- 시술 후 2~3일간 시술 부위가 가려울 수 있으나, 피부가 재생되고 탈각되는 과정이니 긁지 않도록 주의한다.
- 눈썹과 입술시술 부위는 재생연고를 최소 3~4일간 수시로 발라준다. 재생연고는 피부의 재생을 도우며 건조해지는 것을 막아 색상이 옅어 지거나 색감이 저하되지 않도록 하며 자연스러운 탈각을 도와준다.
- 입술 시술 후 2~3일간은 뜨겁거나 자극적인 음식을 피해야 한다.
- 헤어라인과 두피 시술 후에는 2~3일간 머리를 감지 않는다.
- 시술한 부위는 최소 3일간 색조화장품은 삼가는 것이 좋다.

# 부록

- 고객동의서
- 병력기록
- 세미퍼머넌트 메이크업 차트
- 사후관리지침서(고객용)
- 실습부록

– 참고문헌

# 고객 동의서

아래 내용을 읽고 본인이 충분히 이해했음을 표시하기 위해 각 항목 앞에 체크하시기 바랍니다. 고객은 시술과 관련된 위험성 및 유해성에 대해 인지한 후 시술을 받을 것인지를 결정을 할 수 있도록 충분히 정보를 제공 받을 권리가 있습니다.

- 반영구화장 / 위장 / 수정시술의 결과에 대해 어떤 보장이나 보증을 약속하지 않았으며, 최종 결과에 대해서도 어떤 보장을 하지 않습니다.

- 본인을 위해 준비된 이 시술과 관련하여 위험성과 유해성이 있을 수 있습니다.

- 시술 동안 그리고 치유 동안에 불편함이 있을 수 있음을 인지하고 있습니다.

- 출혈, 부기, 색소에 대한 알레르기 반응의 가능성이 있습니다.

- 시술 결과는 영구적일 수 있으며, 시간이 흐름에 따라 탈색할 수 있습니다.

- 시술 결과는 전문 의료과정을 통해서만이 제거될 수 있으며, 효과적인 제거술도 영구적인 흉터 또는 외관손상을 일으킬 수 있습니다.

- 아주 드문 경우에 색소의 번짐, 색변환이 발생할 수 있으며, 아주 드물게 속눈썹을 상실할 수도 있습니다.

- 시술 및 시술과 관련한 위험성과 유해성에 대해 질문할 수 있는 기회를 가졌습니다.

- 본인은 자발적으로 동의하였으며 위 내용을 충분히 숙지 후 동의함을 인정합니다.

---

본인은 이 동의서에 기재된 질문, 규정, 조건 등을 충분히 인지하며, 제반 사항들에 대해 본인의 언어로 설명을 받았음을 인정한다.

본인은 자발적으로 동의하였으며, 시술 전 후에 발생하는 모든 책임이 본인에게 있음을 인지한다. 본인은 시술 결과에 있어서 어떠한 이의제기도 하지 않을 것이다.

본 동의서는 본인이 직접 작성하였으며, 본인이 아는 한 이 동의서에 기재된 모든 내용 들이 진실하고 완전함을 보증한다.

날짜: 20 . . . 성명: _____ 인 (서명)

## 병력기록

| 병력기록 | | | | | |
|---|---|---|---|---|---|
| 이름 | | | 연락처(집) | | |
| 주소 | | | 연락처(HP) | | |
| 생년월일 | | | 연락처(회사) | | |
| 수술병력 | | | 현재 복용중인 약 | | |
| | | | | | |
| 약물 알러지 | | | 음식 알러지 | | |
| | | | | | |
| 여성고객에 대한 추가 사항 | | | | | |
| 폐경기 | YES | NO | 다음 약물을 복용 중인가? | | |
| 폐경후기 | YES | NO | 피임제: | YES | NO |
| 정상적인 월경 | YES | NO | | | |
| 호르몬 불균형 | YES | NO | 호르몬제: | YES | NO |
| 임신 중 | YES | NO | | | |
| 다음 사항이 해당되는가? | | | | | |
| 여드름 | YES | NO | 대상 포진 | YES | NO |
| 구강 궤양 | YES | NO | 심장 상태 | YES | NO |
| 암 | YES | NO | 간염 / 황달 / 혈우병 | YES | NO |
| 물집 | YES | NO | HIV | YES | NO |
| 피부염 / 습진 | YES | NO | 켈로이드 반흔 | YES | NO |
| 당뇨병 | YES | NO | 심장박동 조절기 | YES | NO |
| 음부 포진 | YES | NO | 출혈성 질병 | YES | NO |
| 라텍스 알러지 | YES | NO | 문신 | YES | NO |
| 다음 사항을 경험한 적이 있는가? | | | | | |
| | | | | | |
| | | | | | |
| | | | | | |
| | | | | | |

본인이 제공한 위의 모든 내용은 본인이 아는 한 진실이며 정확한 것임을 인정합니다.

날짜: 20 . . .  성명: _____ 인 (서명)

## 세미퍼머넌트 메이크업 차트

### INFORMATION

| 이름 | | 생년월일 | |
|---|---|---|---|
| 전화 | | 이메일 | |
| 직업 | | | |
| 방문경로 | | | |
| 관심부위 | | | |

### CONSULTATION

| No. | 날짜 | 관리내용 | 특이사항 | 확인 |
|---|---|---|---|---|
| | | | | |
| | | | | |
| | | | | |
| | | | | |
| | | | | |
| | | | | |
| | | | | |
| | | | | |
| | | | | |
| | | | | |
| | | | | |
| | | | | |

# 사후관리지 지침서 고객용

· **부기 감소 및 치유를 위해**

재생제품은 상처치유와 보습력이 좋은 제품으로 선택하여 하루에 3회 이상 꾸준히 발라준다. 재생제품은 각질을 자연스럽게 떨어지게 하여 색소의 손실을 적게 하며, 부기방지에는 깨끗한 얼음을 이용한 냉찜질을 해준다.

· **감염 방지 및 색소탈색 유지를 위해**

오염을 방지하고 재생크림을 자주 발라준다. 술, 담배 및 과도한 사우나 또는 찜질, 자외선 등을 피하며 각질은 억지로 떼어내면 안 된다.

· **수포 방지를 위해**

피술자의 사후관리가 가장 중요하다. 소독 후 재생크림을 도포한 후 10일이 지나면 보습제를 꾸준히 발라주어야 한다. 시술 전에는 열을 내려주는 약이나 시술 후에는 열 발진을 잡아주는 항생제 등을 복용하는 것도 좋다.

※ **문제성**

아주 드문 경우지만 시술 후에 생길 수 있는 문제점들은 시술자의 시술과정이나 피술자의 사후관리과정에서 생길 수 있습니다. 정식 제품을 사용하지 않았거나, 일회용 제품을 사용하지 않았거나 소독처리가 안된 제품들을 사용했을 경우 문제성 증상들이 발생할 수 있습니다. 위 사항들을 꼭 숙지하시고 시술부위에 따라 문제가 심각해지면 의사와 상의하여야 합니다.

## ❶ 눈썹

### 1) 성공과 부를 부르는 눈썹

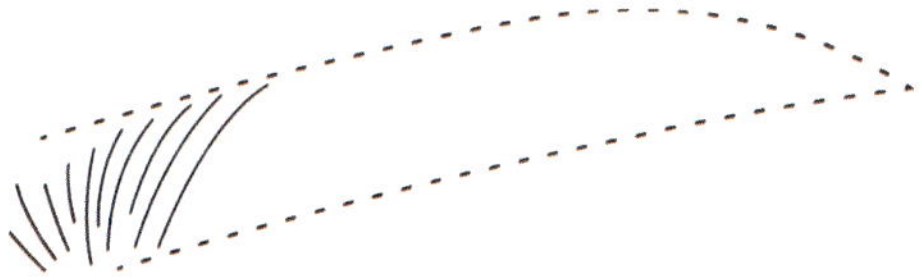

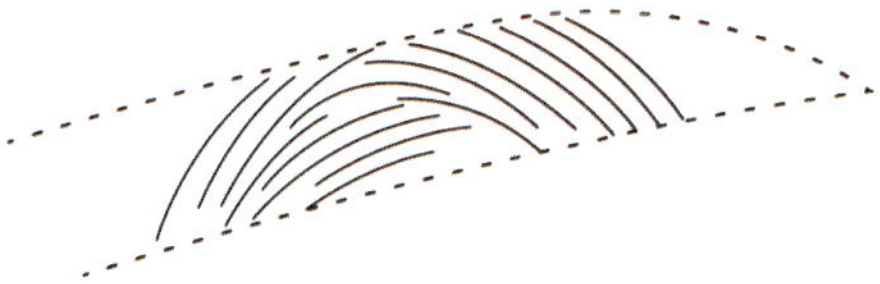

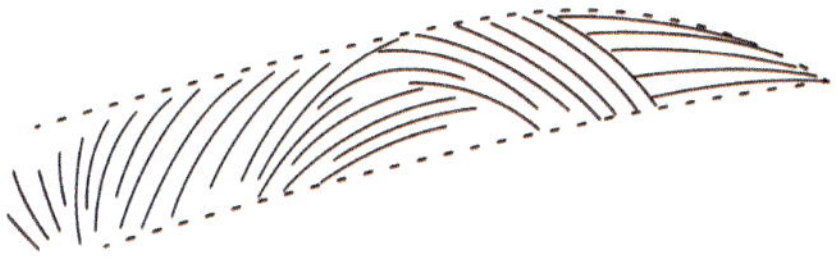

## 2) SONG'S 눈썹

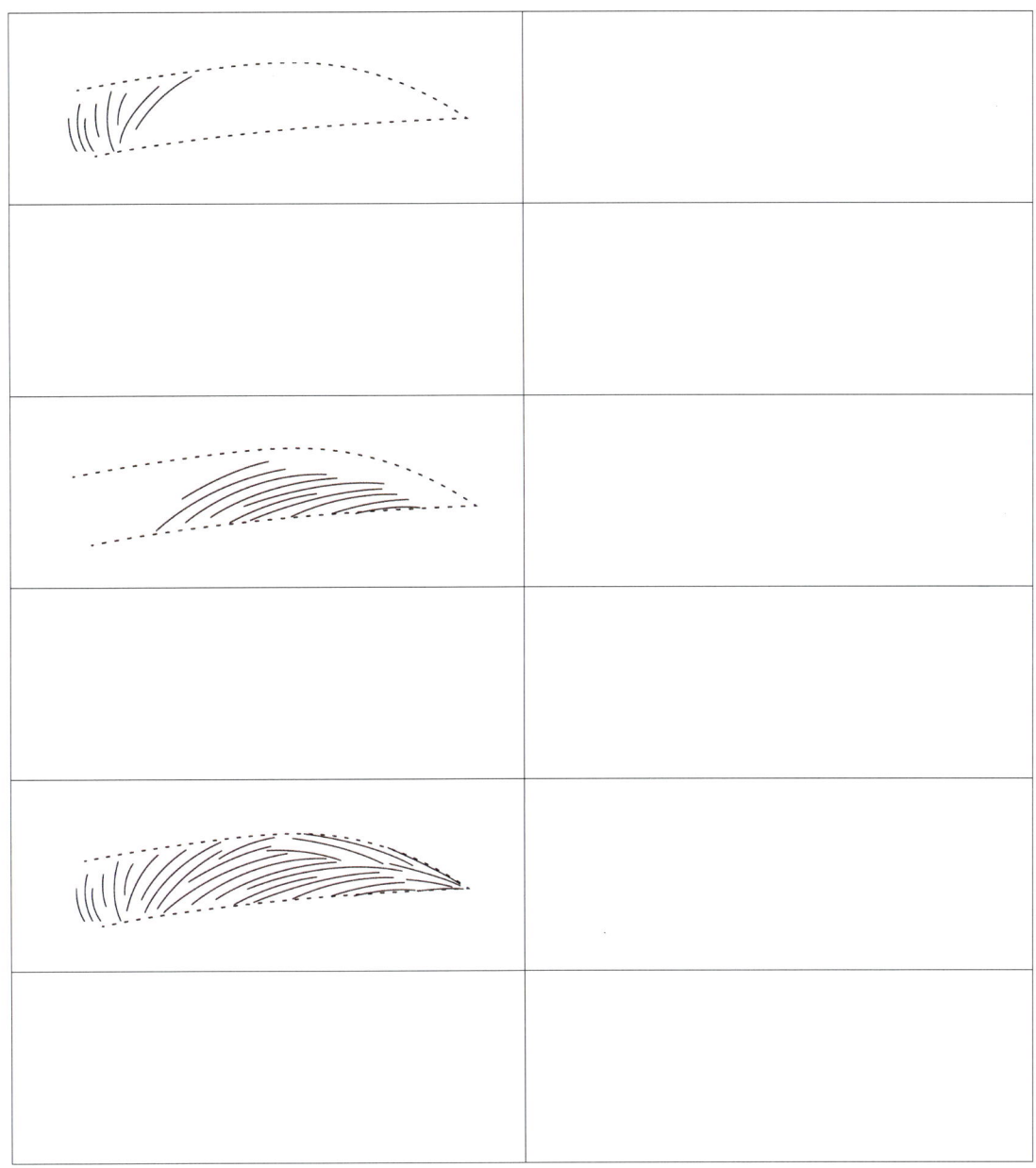

### 3) JEON'S 눈썹

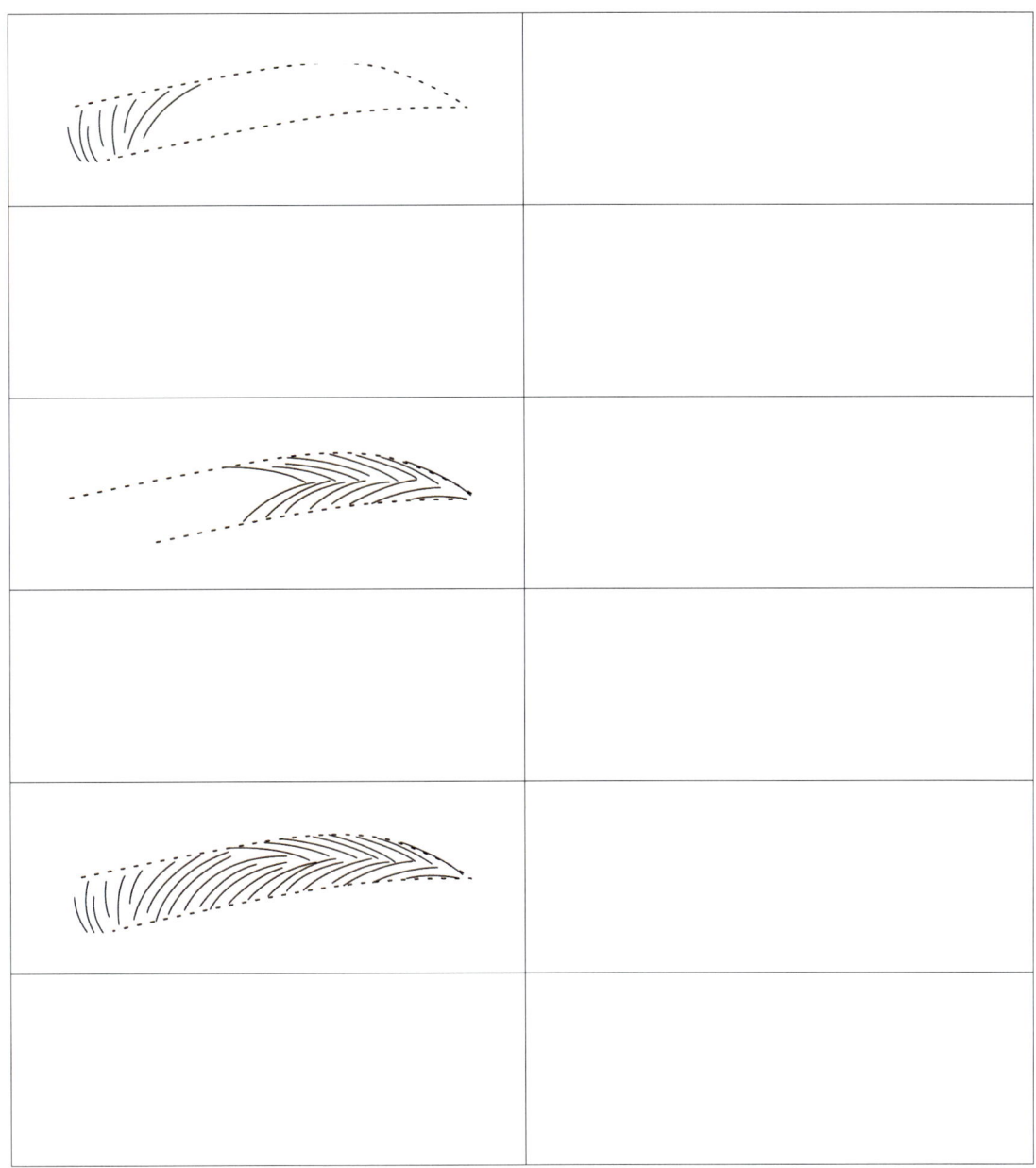

## 4) 일자형 눈썹

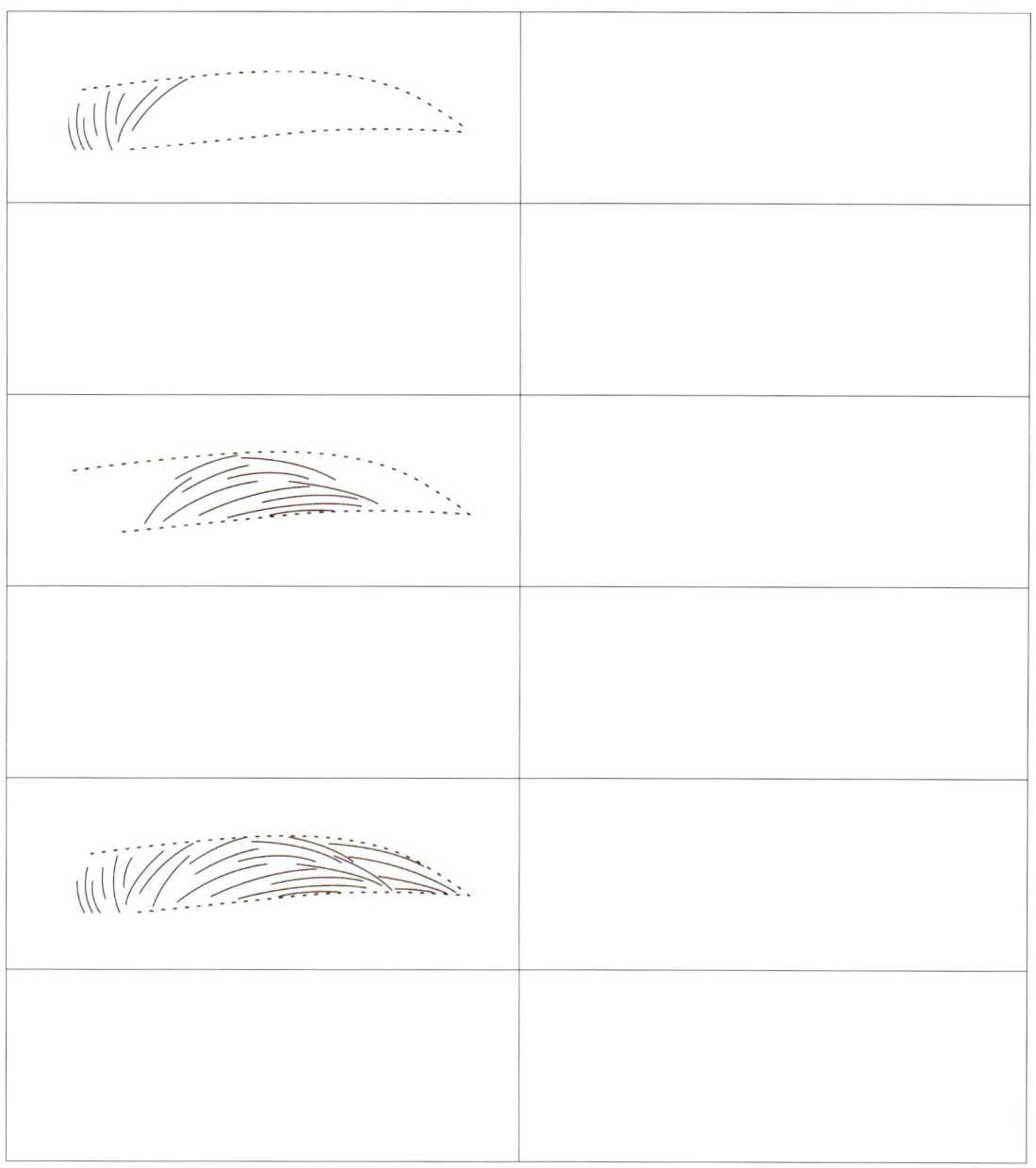

## ❷ 아이라인

### 1) 꼬리없는 아이라인

## 2) 꼬리있는 아이라인

## 3) 섹시한 아이라인

## ❸ 입술

### 1) 인커브

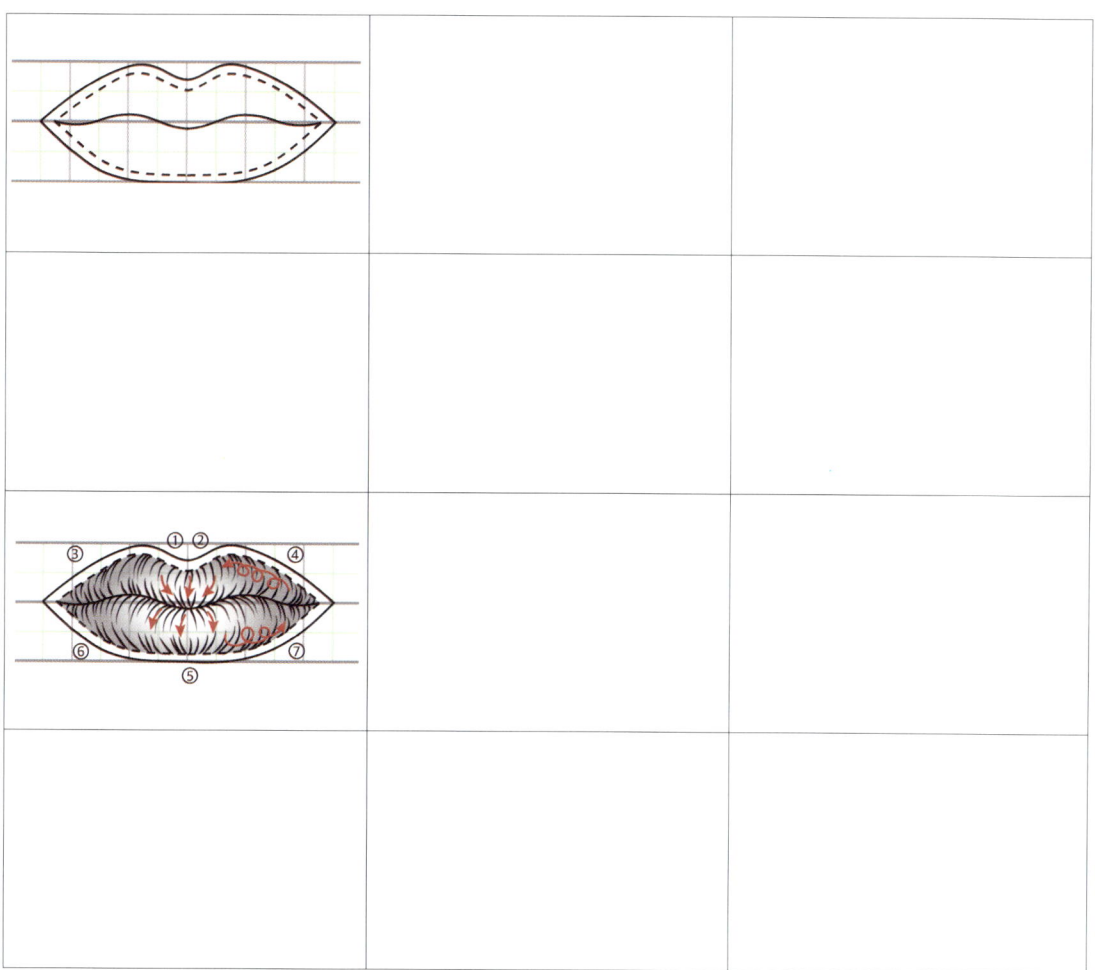

## 2) 아웃커브

부록 283

## ❹ 선 연습

**참고문헌**

· 구성회(2008). 공중보건학. 고문사.

· 김정희, 안나경, 김미영(2017). 누구나 쉽게 하는 특수 미용. 크라운출판사.

· 김진, 장희진(2011). 세미퍼머넌트메이크업. 훈민사.

· 김춘진, 문신사 법안. 의안번호8395 제11조(문신업자의 위생관리의무).

· 박건희(2013). 반영구 화장의 시술실태에 관한 연구. 중앙대학교 대학원 석사학위논문 p.36.

· 박경순(2020). 세미퍼머넌트 메이크업에 있어 미용추구혜택이 향후 지속의사에 미치는 영향. 송원대학교대학원 석사학위논문, pp.7-13.

· 박주영(2018). 반영구화장 도구에 따른 눈썹기법 사례 및 인식연구. 한남대학교 사회문화대학원. 석사학위 논문, p4.

· 서은경(2016). 반영구화장 시술자의 감염관리 지식과 실천의 관련성. 대구한의대학교 대학원 박사학위 논문, p7.

· 스티븐 길버트(2004). 문신, 금지된 패션의 역사. 서울:르네상스.

· 우정희(2015). 여성세미퍼머넌트 메이크업 미용형태 인식 및 만족도 연구. 한남대학교 대학원 석사학위 논문, p.4.

· 이가룡, 이정민(2012). 세미퍼머넌트 메이크업 기술 기법 분석. 한국미용예술학회지 6(4).

· 이승민(2018). 세미퍼머넌트 메이크업 교육실태 및 만족도, 숙명여자대학교 라이프스타일디자인 대학원. 석사학위 논문, pp.8-11.

· 이지영(2005). 세미퍼머넌트메이크업과 문신 비교연구. 한남대학교 대학원 석사학위논문, p.2, 2005.

· 정미영(2016). 반영구 메이크업 디자인 앤 스킬. 시대인.

· 정유진(2015). 반영구화장 민간자격 검정교육 만족도 및 정기교육 필요성에 관한 연구. 대구대학교 대학원 석사학위 논문, pp.1-4.

· 진은주(2015). 눈썹 세미퍼머넌트메이크업 기법에 따른 고객만족도 및 통증연구. 건국대 산업대학원 석사학위논문, p,6.

· 한영숙 외(2003). 미용소독 전염병학. 수문사.

· 한자애(2014). p.3 여대생의 외모관리와 세미퍼머넌트메이크업에 대한 인식 및 태도 연구. 영동대학교 대학원 석사학위논문, p.3.

· 홍수임(2016). p.4 세미퍼머넌트 메이크업 시술만족도가 이미지 효과에 미치는 영향. 대구가톨릭대학교 의료보건과학대학원 석사학위논문, p.4.

· Alessia Quaranta, Christine Napoli, Fabrizio Fasano, Claudio Montagna,

· Body piercing and tattoos; a survey on young adults' knowledge of the risks and practices in body art, BMC Public Health, 11;774, 2011.

· California Conference of Local Health officers, Sterilization, Sanitation and Safety Standards for Tattooing Permanent Cosmetics and BodyPiercing, 1998.

### 참고사이트

· TATTOO ORIGINS ys0317.tistory.com

· http://blog.daum.net/sanchna1/67

· webitionary.co.kr

· thenaturalife.tistory.com

· orbi.kr

· m.blog.naver.com

· lawheart.kr